改訂5版

ITパスポート 最速合格術

1000点満点を 獲得した勉強法の秘密

西 俊明 TOSHIAKI NISHI

JN247881

技術評論社

はじめに

　2009 年春におこなわれた第 1 回 IT パスポート試験では、受験者 39,131 人のうち、1,000 点満点を獲得したのはわずか 2 人だけでした。44 歳の男性と 40 歳の男性でしたが、後者が当時の私です。

「満点獲得なんて、ものすごい時間をかけて、徹底的に勉強したのだろう」

　そう思われたかもしれませんが、じつは、私が IT パスポートの勉強を始めたときには、試験日まで 2 週間を切っていました。

　IT パスポートの試験では、技術からビジネスまで、幅広い知識が問われるので、おぼえることが非常に多く、時間のかかるイメージがあるかもしれません。しかし、私の勉強法は、「楽しく、ラクして、てっとり早く、丸暗記ではない、本質的な理解を促す」もの。特徴をかんたんに言ってしまえば

「まずは全体像をおぼろげでもいいのでイメージできるようにしてから、細かい計算問題や必須用語をおさえていく」

というものです。この勉強法には「興味が持続する＝楽しく勉強が続けられる」というメリットもあります。私はこの勉強法を実践した結果、ついつい勉強が楽しくなって、無意識のうちに満点を獲得してしまったのです。

　もちろん、あなたは満点を取る必要はありません。私のノウハウをお伝えすることにより、試験の骨格部分の本質を理解していただければ、あとは合計で 24 時間程度もあれば、予備知識ゼロから合格レベルに達することができるでしょう。

　では、具体的にはどのように勉強すればいいのでしょうか？

　それはぜひ本文をご覧になってみてください！

2020 年 12 月　西俊明

Contents

改訂5版 ITパスポート最速合格術
～1000点満点を獲得した勉強法の秘密

第0章 勉強前から差をつけるための考え方　015

第1章 たこ焼き屋の現場をのぞきながら「ストラテジ」を理解する　025

第2章 プロジェクトの流れをおさえれば
「マネジメント」がざっくりわかる 131

第3章 ネットショップで買い物ができるしくみを把握して「テクノロジ」分野を攻略する 169

第4章 最小限の労力で効率的に覚える「ラク短」単語記憶術 241

4-01 無機質でわかりにくい英略語は「C」「E」「D」「M」「B」に注目してまとめて覚える ── 242

第5章 計算問題「頻出パターン」徹底攻略 295

第6章 得点を最大限に積み増すための直前＋本番対策 327

勉強前から
差をつけるための
考え方

この章では、最短合格のための戦略について押さえます。
ポイントは以下の3つです。

まずは全体像を把握する
このテキストを1回8時間×3回くり返す
時間管理術をうまく活用する

この0章で戦略を学び、第1～第5章で試験範囲の学習を3回くり返し、第6章を読んで直前対策・本番対策を実施することにより、本当に24時間で合格する人が続出しています。

この本が5回目の改訂を迎えたことが、その証拠です。
ぜひ、あなたもその仲間の一員になってくださいね！

第0章

0-01

効率よく勉強するための戦略とは

細かい知識を覚えていくのは後回し

ITパスポート試験では、技術からビジネスまで、非常に広い範囲の知識が問われます。そのため、普通のテキストどおりに勉強を進めていくと、「自分が今勉強していることは、全体の中でどのような位置づけなのか」がわからず、機械的な暗記の連続になってしまいがちです。

それでは勉強が辛くなってしまいますし、効率がいいとは言えませんよね。

ITパスポート試験のように、出題範囲が広大な試験を攻略する場合、まずはおぼろげでもいいので、全体像をおさえることが重要です。たとえて言えば、ロールプレイングゲームをやる前に「全体マップを見る」ようなものです。

そのうえで、個々の細かい知識の学習を進めていくと、あたかもジグソーパズルのように、おぼろげな全体像がはっきりした形になっていき、あなたの血肉とすることができます。

このように勉強していけば、「なるほど、全体像の中で、あの部分は、こういうことだったのか！」など、常に新鮮な感覚を持ちながら、楽しく学習できるというメリットもあります。

最速で合格を勝ち取るための5つのフレームワーク

以上のような勉強法をITパスポート試験に適用したのが、本書でご紹介する「5つのフレームワーク勉強法」です。

❶会社内の具体的な動きから「ストラテジ分野」を直感的に理解する

❷システム開発の流れに沿って「マネジメント分野」をリアルにイメージ

❸ネットショップのシステムから「テクノロジ分野」を理解する

❹無機質な英略語の徹底攻略法や、出題頻度の高い用語からおさえる優先
順位攻略法などを使い、頻出用語をできるだけラクに暗記する

❺計算問題をパターンで徹底攻略する

本書では上記の5つを、第1章〜第5章に分けて最短合格を目指します。

「8時間1セット」を3回くり返す

これら5つのフレームワーク（章）は、次の時間配分を基本に攻略して
みてください。

❶ 第1章〜第3章：全体像を把握する【2時間】

細かいところを気にせず、第1章から第3章までを読んで、ITパスポー
トの3大分野である「ストラテジ分野」「マネジメント分野」「テクノロジ
分野」の全体像を、おぼろげながらでも把握します。

❷ 第4章：必須用語を暗記する【3時間】

コマ切れ時間を使いながら、必須用語を暗記していきます。

❸ 第5章：計算問題の攻略【3時間】

計算問題を、手を動かして（＝ノートに計算式を丸写しにしながら）、解
法を理解＆暗記していきます。

以上、全体で合計8時間が目安です。

もちろん、1回目をとおしただけで、すべての知識が定着するわけではあ
りません。このセットを3回くり返すことにより、8時間×3回＝24時
間で、合格レベルの実力を身に付けていくのです。

0-02

合格を勝ち取るための
時間管理術

「投資した時間に対して、どれぐらいはかどったか?」を常に意識

「では、さっそく第1章にとりかかろう」

と思われたかもしれませんが、ちょっと待ってください。ラクして最短合格するためには、「勉強法」だけでなく「時間管理」にもポイントがあります。

「時間管理」と聞くと、あなたはどのようなイメージを持ちますか?

　もしかすると、自分の自由が制限されて、「時間に追われるのはイヤだ」と思うかもしれません。

　しかし、そうではないのです。本来、時間管理とは「好きなことをする時間を最大限確保するために、やるべきことを最短で効率よくおこなうため」のものです。

　もともと、日々の仕事や学業はもちろん、ゲームなどの趣味をしたり、恋人や家族と過ごすなど「やりたいこと」はたくさんあるので、時間はあっという間になくなってしまいます。それらに加えて、今のあなたは「ITパスポート試験に合格する」という課題もこなさなければなりません。なりゆきで勉強していると、本来「やりたかったこと」をする時間が短縮されます。そうすると、ITパスポートの勉強にも集中できなくなるでしょうし、効率が悪くなるでしょう。

そこで、勉強の時には以下の点を意識してください。

「IT パスポートの勉強に投資した時間・工数に対し、どれだけ勉強がはかどったか？」

このような「投資に対する見返り」を「ROI」といいます（リターン・オン・インベストメントの略）。あなたの IT パスポートの勉強における ROI を最大化させて、やりたいことに費やせる時間を増やしましょう！

勉強する前に受験日を決めてしまおう

IT パスポート試験は、CBT（パソコンを使って解答する）方式であるため、いつでも受験できます。しかし、この「いつでも受験できる」というのがクセモノです。人間、どうしてもラクなほうに流されやすいですから、つい「それじゃ来月」などと考えてしまいます。ふだん、仕事や学業などで忙しいと、なおさらです。

そこで、まずは「受験の申し込み」をしてしまいましょう。情報技術者試験センターの Web ページでかんたんに申し込みができます。

1日1時間勉強するとして、1ヶ月もあれば十分です。1ヶ月先であれば、あなたの都合のいい時間や会場が予約できるでしょう。日時や会場は、先着順で満席になることもあるため、早めにアクションをとることが必要です。

そして、申し込みが終われば、あなたが「合格レベルの実力を養い、見事合格を勝ち取るまでの期限」が設定されたことになります。このように「ある目標を達成するために、期限を設定して取り組むもの」を「プロジェクト」といいます。

これで、晴れて「ＩＴパスポート合格プロジェクト」という、あなたのプロジェクトがスタートすることになるのです。

このプロジェクトを成功に導くため、あなたはこれから、このプロジェクトのスケジュールと進捗管理、ひとことでいえば「時間管理」をするわけです。がんばって、この一大プロジェクトを成功させましょう！

「3時間ぶっ続けで暗記する」のではなく「毎日20分、9日間で覚える」

受験日が決まったら、それまでの学習計画を考える必要があります。「毎日少しずつ勉強する」というのが理想ですが、週末だけしか時間がとれないかもしれません。

しかし、どんな忙しくても、「平日、まったく時間が取れない」ということは少ないはずです。特に、用語を暗記するには、「3時間ぶっ続けで暗記する」よりも、「毎日20分、9日間で覚える」ほうが、飽きずに、楽しく勉強できますし、記憶の定着率も高くなります。なぜなら、心理学でいう「異質効果」が働くためです。

人間の脳は、絶えず新しい刺激を求めています。同じ作業を続けていると飽きてしまいますし、能率も悪くなってしまいます。暗記のような単純作業では、なおさらです。

1日20分であれば、通勤・通学の時間なども使えるのではないでしょうか。そのような「コマ切れ時間」を使うことにより、時間管理の効率が飛躍的にアップします。ぜひ試してみてください。

スケジュールは「必要な時間の1.5 〜 2倍」を確保する

「楽しいことをする時間を最大限確保する」ことが時間管理の目的だとしても、あまりにキツいスケジュールを設定するのは適切ではありません。なぜなら、どんなにがんばってスケジュールを管理しようとしても、思いどおりにならないときもあるからです。そうなると、

スケジュールどおりに勉強が進まない

↓

試験までに勉強が終わらない

↓

試験に合格できない？

という負のスパイラルが頭をよぎり、やる気を失ってしまいます。

では、どうすればいいのでしょうか？

答えは、必要な時間の 1.5 〜 2 倍の時間を確保しておくことです。たとえば、毎日 1 時間分の勉強をこなす必要があれば、1.5 〜 2 時間分を確保しておくようにしましょう。

こうすれば、多少計画が狂ってもその日の予定をこなせるでしょうし、仮に緊急の用事が飛び込んできてまったく勉強できない日があったとしても、もともと余裕を持ってスケジュールを組んである分、翌日以降にリカバリーしやすいはずです。もちろん、大きく計画が狂うようなことがあれば、計画も随時見直すべきなのですが、最初から余裕をもって計画しておけば、見直しもやりやすくなります。

一方で、計画どおり 1 時間で勉強が終われば、残りは「好きなことに使える時間」です。気分が乗ってきたら、「そのまま集中して、2 時間分の勉強を進める」ということもできます。

そのような日がいくつかあれば、さらにスケジュールがラクになりますし、おおいに自信もつくことでしょう。「その分だけ、合格が近づいている」といっても過言ではありません。

このように、スケジュールに余裕を持たせて勉強時間を確保することは、多数のメリットがあります。ぜひ、あなたも余裕のあるスケジュールを立ててみてください。

0-03

最短合格のために、最適な順番で戦略的に学習する

3つの分野はすべてつながっている

ITパスポート試験では、「ストラテジ」「マネジメント」「テクノロジ」の3分野を学習しなければなりません。3分野もあると大変そうに思われるかもしれませんが、じつはすべてつながっており、つながりをおさえて全体を見れば、ラクに覚えることができます。

たとえば、たこ焼き屋をチェーン展開している企業が、「冷凍たこ焼き」のネットショップを運営していたとします。ネットショップのシステムを開発したり運営したりしている人は、テクノロジにくわしい情報技術者の方たちです。しかし、その方々以外にも、仕入れ担当者が小麦粉を仕入れたり、工場の従業員がたこ焼きを生産したりします。

もちろん、せっかく生産しても、売れなければお話になりません。経営者も、経営企画部門やマーケティング部門といっしょになって、

「どんな味つけのたこ焼きが受けるのか？」
「どういう売り方をすればいいのか？」

といったことを考えるわけです。

また、ネットショップを開発するには、多くの技術者を束ねる現場監督が必要です。さらに、ネットショップに関するお問い合わせをお客様から受ける担当者も必要です。

このような企業全体の活動の結果として、あなたはネットで冷凍たこ焼き
を購入することができるわけです。それぞれの業務は、ITパスポートの3
分野のいずれかに属しています。

●経営の仕事や、営業・マーケティング・生産・経理・財務などの一般業務
➡ストラテジ分野

●システムの開発の管理や、お客様からのお問い合わせを受ける仕事
➡マネジメント分野

●ネットショップを構成するハードウェアやソフトウェア・各技術要素
➡テクノロジ分野

なぜ「ストラテジ」「マネジメント」「テクノロジ」という順番なのか

ITパスポート試験の試験体系は「ストラテジ」「マネジメント」「テクノ
ロジ」という順番になっています。ITパスポート試験を初めて学習する方は、
「ITの試験だ」と思って参考書を開いてみたら、最初のページがいきなり
「企業と法務」から始まっていて、びっくりするかもしれません。

しかし、これには理由があります。前述したように、「ストラテジ」「マネ
ジメント」「テクノロジ」の3分野はつながっています。そして、そのつな
がり方が、3分野の並び順を決めているのです。

この3分野には、次図のような関係があります。ストラテジ分野は企業
の経営・業務全体であり、「システム開発やシステム運用」を扱うマネジメ
ント分野は、企業経営の一要素なのです。さらに、「個々の技術要素」を扱
うテクノロジ分野は、マネジメント分野の中の一要素となります。

この本のコンセプトもそうですが、物事はまず全体像を把握してから詳細
を見ていくとわかりやすいものです。だから、3分野のうち、最も大きな概
念であるストラテジ分野から学習するわけです。

IT パスポートの３分野の関係

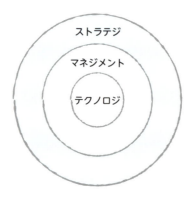

> **最近の試験は、ますます3分野のつながりが問われる傾向に**

　IT パスポート試験はシラバス（試験における知識・技能の細目）に沿って出題されます。最新のシラバス 5.0 では「データ分析・AI」の用語がストラテジ分野で増加していますが、それらに使われる技術（テクノロジ）分野も関連して増加しています。

　また、最新の出題傾向は、単に用語の意味を問うだけでなく、「○○などの攻撃をされたときどんな対処をすればいい？」など、実務に沿った内容が出題される傾向にあります。

　以上のように、技術（テクノロジ）と実務（ストラテジ・マネジメント）のつながりを意識し、活きた知識・スキルを持つことが IT パスポート試験ではさらに求められるようになりました。本書の構成は３分野のつながりを「たこ焼き屋の経営」という事例で徹底的にわかりやすく説明していますから、最新の試験傾向にフィットした内容になっているのです。

　次章からいよいよ学習を進めていきます。細かいところは置いておき、おぼろげでもいいので、全体像をザッとつかめるように、どんどん読み進めていってください！

たこ焼き屋の
現場をのぞきながら
「ストラテジ」を理解する

ストラテジとは、直訳すれば「戦略」。そもそも企業は「ビジネスを成功させる」ことが目的ですので、ストラテジは「ビジネスを成功させるために、余計な戦いを略すこと」ともいえます。

この戦略の1つとして IT を使うのですから、ストラテジの知識がないと「何のために IT を使うのか？」「IT をどう使ったらよいのか？」わかるはずもありません。

このストラテジ分野では、ビジネス（企業の活動内容）について多く学びます。

企業で働いたことがない学生の方や、就職したばかりの新人の方などは、企業の活動を直感的にイメージすることは難しいかもしれません。ですが、**「働き手（従業員）」「リーダー（経営者）」「入れ物（会社）」** の3つに分けて考えればかんたんです。

ここでは「たこ焼き屋チェーンを展開する企業」を例に、最も身近な「従業員」から順に、それぞれのイメージを直感的につかんでいきましょう。

のじん

第 1 章

1-01

お客様の満足度を高める仕事

👉 まずは、現場の働き手（従業員）から見ていきましょう。そのなかでも、この節では営業・マーケティングなど「直接、お客様に価値を提供する部門」の仕事から見ていきます。具体的には、

「自社の商品を最も喜んでくれるお客様って、どんな方？（ターゲット）」
「どんな商品だったら、お客様は感動してくれるの？」
「どんなサービスが、お客様にとって最も便利？」

などを考え、実現する仕事です。

これらのことが、すべて実現できれば、黙っていてもお客様は自社の商品を買ってくれるでしょう。まさに「戦いを略す（戦略）」そのものですよね。

そのための仕事の内容や考え方を、1つずつチェックしていきましょう。

個人のノウハウに頼る営業は、もう古い？
SFA

「うちのたこ焼きはどこよりもおいしいですよ！」

そう自信を持って言える良いモノがあっても、買ってもらえなければ価値がありません。たこ焼き屋チェーンを展開する企業なら、冷凍たこ焼きなどの商品をスーパーに売り込む営業部門が必要になります。

営業というと、「個人の力で、いかにお客様に売り込むかが大事」と思うかもしれません。ですが、個人の能力に頼っていると

「お客様から会社に連絡があった場合、担当者が不在で対応できない」
「担当者の異動や退職があった場合、すぐに引き継ぎができない」

といった問題が起こってしまいます。

　そこで、現在では、個々の営業担当者が「それぞれのお客様の情報」や
「それぞれの商談の進捗情報」を情報システムに入力して、営業部門全体で
情報を共有することが一般的になっています。
　また、このシステムを使えば、ある担当者の商談を営業部長以下、営業部
内でチェックしながら、

「次は、どのように顧客を攻めようか」

　などとミーティングして、営業部全体で顧客を攻略する戦略を立案できま
す。このような環境を実現する、営業部門向け情報システムを「SFA（Sales
Force Automation）」と呼びます。

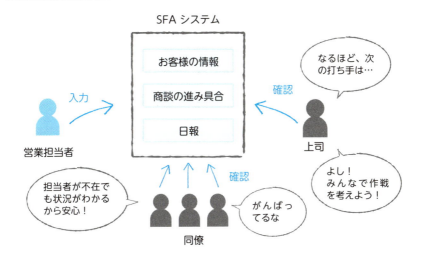

SFA

SFA システム

多くの営業担当者が入力する大量の情報を、正確かつ高速に処理し、全員で見れるようにする……これはまさに IT が得意とするところです。

また、これにより、営業パーソンは「単なる精神論」「体力や元気」だけでなく、組織としての戦略を持った活動ができるようになりました。

いまや、どんな仕事を成し遂げるためにも、戦略は必要不可欠なのです。

私用のスマホを仕事でも使えたらラクチン
BYOD／MDM

たこ焼き屋チェーンを展開する企業の営業担当者は、全員が複数の顧客企業（スーパーなど）を担当し、いつも社外を飛び回っています。

そのため、以前は会社から業務用の携帯電話が支給されていましたが、そうすると、私用の携帯電話との 2 台持ちとなります。携帯電話をいつも 2 台持つのは煩雑なため、営業担当者の多くは 2 台持ちを嫌がっていました。

そこで、スマートフォン時代の現代では、営業担当者の私用のスマホを、会社の業務でも使えるように改めました。

このように、企業・組織において従業員が私物の携帯端末などを持ち込み、業務利用することを「**BYOD**（Bring Your Own Device）」と呼びます。直訳すると「あなた自身の端末を持ち込む」となります。

さて、BYOD によって、「会社支給と私用、2 つのスマホ」を持ち歩く必要はなくなりましたが、一方で、別の問題も発生します。

たとえば、

「スマホで利用した通信費のうち、どれが業務目的で、どれが私用目的か」

などは、従業員にとって切実な問題ですよね。すべての通信費を自己負担にされてはたまりません。ほかにも、端末内のデータを「業務で使うデータ」「プライベートなデータ」にきちんと分ける必要があります。

現在では、社員が利用するスマートフォンなどの情報端末は、システム管理部門が「**MDM**（Mobile Device Management）」と呼ばれる情報システムを導入し一元管理するケースが多くなっています。

BYOD を導入している企業では、

「私用と業務利用の通信費を分けて管理できる」
「私用のスマホの内部メモリのうち、業務データが入っている領域だけ管理できる」

といった機能をもつ MDM が選ばれているようです。

BYOD と MDM

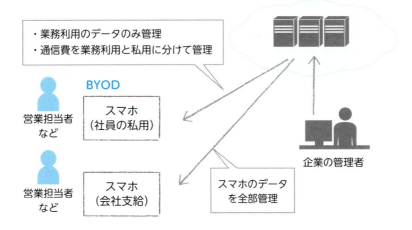

MDM(クラウドサービスが多い)

・業務利用のデータのみ管理
・通信費を業務利用と私用に分けて管理

BYOD

営業担当者
など

スマホ
(社員の私用)

営業担当者
など

スマホ
(会社支給)

企業の管理者

スマホのデータ
を全部管理

目の前においしそうなたこ焼きがあったら
UX

　たこ焼き屋チェーンを展開する企業の営業担当者は、スマホやタブレットを持って、担当するお客様（スーパーなど）のバイヤーさんを訪問し、新製品の冷凍たこ焼きの PR をしています。
　以前は紙の資料を使って説明していましたが、現在では、タブレットをタップするだけで、

「新製品のたこ焼きが、ジュージューいいながらおいしそうに焼きあがっている映像」

を見せることができるようになりました。

　その結果、紙だけの資料に比べ、バイヤーの方の視覚や聴覚にも訴求できるようになり、商談がスムーズに進むことが多くなったそうです。

　このように、コンピュータなどの利用者に、さまざまな価値を提供できる体験のことを「UX（User Experience）」といいます。日本語では「ユーザー体験」と訳されます。

> ## 取引会社が潰れてダメージを受けないために
> 与信管理

　営業部でまったく売上を上げられない人は営業部長に怒られますが、きちんと売上を上げていても、売上を上げられなかった人以上に怒られることがあります。それは、「売上を上げて商品をお客様に引き渡したものの、きちんと代金を回収できない」というケース。商品代金分、まるまるの大損です。営業の仕事では「代金を請求して、回収する」のもたいへん重要です。

　たとえば、大手スーパーチェーンとの取引なら、冷凍たこ焼きを大量に卸させてもらえます。企業対企業の取引の場合、「掛け取引」といって、売り手が商品を購入した後、1〜2ヶ月後に買い手がお金を支払うのが一般的ですね。

　ですが、有名なチェーン店でも、あるとき急に倒産してしまうこともあります。そうすると、大きな損害を被ってしまいますね。

　そのようなトラブルを防ぐには、常に取引先の経営状況をチェックし、掛け取引を継続するか、それとも現金ですぐに払ってもらわない限り取引しないようにするかを判断しなければなりません。

「商品を先に卸して、代金は後でもらう」ことは、言い方を変えれば「相手を信用する→信用を与える」ということです。そこで、きちんと相手の状態をチェックし「信用を与えるかどうか」を管理することを「与信管理」と呼びます。

お客様の「ほしい！」を作るために考えること
マーケティング／4P／マーケティングミックス／4C

もし、いきなり自宅に押し売りがやってきて「たこ焼き、買ってもらえませんか？」と言われても、なかなか買う気にはならないですよね。

売り手にしたって、1件1件あてもなく売り込みに回るのは、効率が悪くて仕方ありません。商売をしている人にとっては、できるだけ自分から売り込まずに、お客様のほうからお店にやってきて「ぜひ売ってください！」と言ってくださることが理想です。このように、お客様の「ほしい！」という気持ちを創り出すことを「**マーケティング**」といいます。

では、どうすればお客様の「ほしい！」という気持ちを創り出せるのでしょうか？

手間ひまがかかりますが、売れるためには、以下を検討し、実行することが欠かせません。

- お客様がほしがるような商品（Product）は何か？
- どんな宣伝（Promotion）をすれば「ほしい」という気持ちが育つか？
- どこで（Place）売れば買いに来てくださるか？
- いくらぐらいの値段（Price）だったら買っていただけるか？

大事なポイントの頭文字が4つとも「P」であることから、これらを「**マーケティングの4P**」と呼びます。

この4Pは、扱う商品のイメージや種類によって、統一した方向性を持たせなければなりません。たとえば、「たこ焼き」と「高級化粧品」では、販売価格も、宣伝手法も、売場づくりも、それぞれのイメージにあわせてまったく異なるものになりますよね。

企業のマーケティング担当者は、「自分の扱う商品にとって、4Pの最適な組み合わせは何だろう？」といつも頭を悩ませています。この「最適な4Pの組み合わせ」のことを、「**マーケティングミックス**」と呼びます。

なお、4Pというのは、売り手側からみた考え方です。顧客（買い手）側から見たものは「4C」と呼ばれています。

- その商品における顧客にとっての価値（Customer Value）は何か？
- 顧客の支払う負担（Cost to the Customer）はいくらか？
- 顧客はどれぐらいその商品の入手が容易（Convenience）か？
- 販売にあたっての顧客とのコミュニケーション（Communication）の方法は何か？

4P と 4C の対応

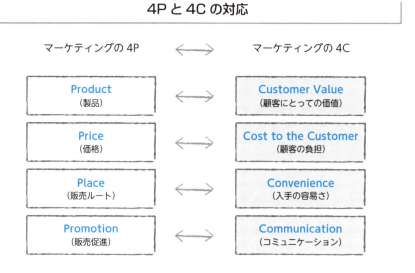

対象を絞って好みをクッキリ浮き上がらせる
セグメントマーケティング

　たこ焼き屋チェーンの主力商品のたこ焼きは、昔ながらの味を守っていますが、その売上は年々下がっています。近年では国内の市場が成熟して物があふれており、たこ焼き屋の競合も増えたためです。特徴のない商品はなかなか売れにくい時代です。

　とはいえ、たこ焼き屋チェーンを展開する企業も、だまって指をくわえているわけではありません。最近では、健康志向の方のために「塩分・カロリーひかえめたこ焼き」を販売したり、幼児やお年寄りが食べやすいように、たこを細かく切った「小粒たこ焼き」を販売するなど、さまざまな工夫をし、全体としての売上がアップするように努力しています。

　このように「特定のターゲットに向けた商品」を提供すれば、対象となる

お客様により買ってもらいやすくなります。このことを、「市場を分ける」という意味で「セグメントマーケティング」といいます。

セグメントマーケティング

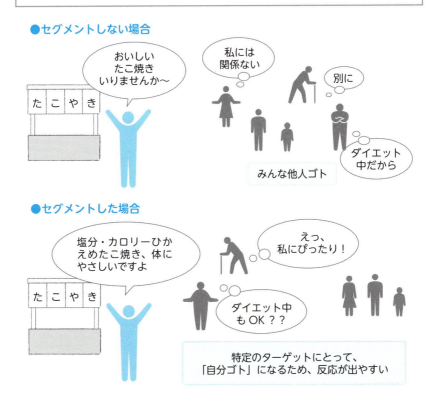

●セグメントしない場合

おいしいたこ焼きいりませんか〜

私には関係ない

別に

みんな他人ゴト

ダイエット中だから

●セグメントした場合

塩分・カロリーひかえめたこ焼き、体にやさしいですよ

えっ、私にぴったり！

ダイエット中もOK？？

特定のターゲットにとって、「自分ゴト」になるため、反応が出やすい

「たこ焼き専用ソース」はなぜブレイクしたのか？
ニッチ戦略／オピニオンリーダー／ブランド戦略／デファクトスタンダード

　もう十数年前のことですが、たこ焼き屋チェーンの企業が販売するソースが世の中でブレイクしたことがありました。その名も『たこ焼き屋さんの本格たこ焼き専用ソース』。「たこ焼き専用ソース」という非常にニッチ（隙間、限定的な、という意味）な分野に絞った商品だったのですが、それが逆に話題を呼んだようです。このようにニッチな市場を狙い、その市場で優位を目指す戦略を「ニッチ戦略」といいます。

とはいえ、そのときにブレイクしたのは、たこ焼き屋チェーンの企業の戦略以外にも、幸運な出来事があったからでした。当時、「食通」として有名だった芸能人が、そのソースのことを TV 番組で紹介してくれ、「あの食通芸能人が薦めるなら」と、多くの人がこのソースを購入したのです。

このように、ある商品やサービスを世の中に情報発信し、世の中の空気を変えてしまうような影響力のある人を「オピニオンリーダー」と呼びます。

たこ焼き屋チェーンの企業は、その後しばらくソースのブランドを高めていくことにより、「数年間にわたって、全国のたこ焼き屋さんのほとんどでそのソースが使われ続けた」という状態を生みだしました。このように、商品や企業のブランドを高めていく戦略を「ブランド戦略」といいます。

なお、ある業界において、お上（国や行政）が決定したわけでもないのに、市場競争の結果、標準的なモノになった特定の商品やサービスを「デファクトスタンダード（事実上の標準）」といいます。たとえば、パソコン用 OS の市場では Windows がデファクトスタンダードにあたります。

> ### みんながマネをすると高級品も安くなる
> コモディティ化

「たこ焼き専用ソース」をブランド化したたこ焼き屋チェーンを展開する企業は、主力商品である「たこ焼き」のブランド化にもチャレンジしました。

具体的には、たこ焼きのメインの具材であるタコの切り身に、オホーツク沖でとれたものを使用し、「オホーツク産タコ入り本格たこ焼き」として売り始めたのです。「オホーツク産タコ入り本格たこ焼き」は値段は高いものの、たしかに味はおいしく、ライバル店のたこ焼きと差別化できていました。そのため、発売当初は売上もかなり上がったのです。

しかし、ライバル店たちも黙って指をくわえてみているわけではありません。「北海道・日本海側の本格たこ焼き」や「明石産タコ入り本格たこ焼き」などを、複数のライバル店が相次いで新発売し、もはや高級たこ焼きは珍しいものではなくなりました。今では、どこの会社の本格たこ焼きも当初ほど売れなくなり、また、値段もずいぶんと下がってしまいました。

このように、差別化できていた商品がライバル会社にマネされるなどして差別化がなくなり、どれも似たような商品となって同質化してしまうことを

「コモディティ化」といいます。「コモディティ」とは「日用品」という意味。いつまでも独り勝ちすることは、ビジネスの世界ではなかなか難しいことなのです。

ストラテジ

> ### 独自の地位を築くことが差別化につながる
> ポジショニング

たこ焼き屋チェーンを展開する企業は、たこ焼きソースがブレイクしたこともあり、数あるライバルの中でも知名度はバツグンです。もちろん、商品の研究・開発にも力を入れていますから、たこ焼きが好きな一般消費者にも、「おいしいお店」として知られています。

単純に値段だけであれば、もっと安いたこ焼き屋は、同社のほかにもたくさんあります。しかし、同社は「味がおいしくて、本格的なたこ焼き屋」というイメージで、多少値段が高めでも、グルメなお客様がわざわざ選んでお店に来てくれるのです。

つまり、たこ焼き屋チェーンは、たこ焼き業界の中で、「同社ならでは」のポジション（地位）を獲得することに成功しています。

このように、業界内で独自の地位を築くことを「ポジショニング」といいます。ライバル会社と差別化するために重要なことです。

> ### 大事なお客様をきちんと把握し、良好な関係を築く
> CRM ／ RFM分析

今の時代は日本の人口が減少しつつあるので、なかなか新規のお客様が増えません。これから人口が爆発的に増えそうな地域もないので、新しく出店しても、新規顧客がどんどん増えることはないでしょう。

そのため、既存のお客様の情報をしっかり管理して、お客様に満足してもらい、お店のファンやリピーターになってもらうことが重要です。このような考え方を「CRM (Customer Relationship Management：顧客関係管理)」といいます。

また、企業にとって、「いつも高級な商品を購入してくれるお客様」と「バーゲンにしか来ない、あまり利益につながらないお客様」とでは大違いです。そこでお客様をランク付けし、より自社の利益に貢献してくれるお客

様に手厚いサービスをすれば、いっそう業績が上がることでしょう。

では、多くのお客様を、どのようにしてランク付けするのでしょうか？

じつは、CRM として蓄積している顧客情報を元に、以下の観点から総合的に分析して、お客様をランク付けしているのです。

- 最近来店してくださったのはいつか？（Recency）
- どのぐらい頻繁に来店してくださっているか？（Frequency）
- どのくらいお金を使ってくださっているか？（Monetary）

この分析方法を、3 つの指標の頭文字を取って「RFM 分析」と呼びます。

> **蓄積した顧客情報を効果的に利用するには**
> ダイレクトマーケティング

CRM に蓄積されている顧客情報を効果的に活用するにはどうしたらいいでしょうか？

手段の 1 つに、それぞれのお客様へダイレクトメール（DM）を送付することが考えられます。しかし、DM は上手に使えば高い効果が見込まれるツールですが、発送先が多いとコストが非常にかかるのが問題。そこで、自社の利益に貢献してくださっているランクの高いお客様のみに DM を発送することも多いのです。

一方、ネットが浸透してからは、E メールによる DM も多く使われるようになってきました。こちらは郵送のものと違い、何通送ろうが送料はかからないので、より多くのお客様にアプローチしやすいですよね。

これらの DM のように、企業から顧客へ直接接触して、情報を提供し、「ほしい！」という気持ちを育てる手法を「ダイレクトマーケティング」といいます。

ダイレクトマーケティング

CRM（顧客情報）

DM、E-mail

直接送付

お客様

顧客情報を元に、郵送や E メールによる
レター（ダイレクトメール）を直接顧客に送る

内容を工夫し、高い反応率を得ることを目的とする

ストラテジ

DMは勝手に送ってはいけない
特定電子メール法

　しかし、CRM に情報が蓄積されているすべての顧客に DM を送っていい
か、というとそういうわけにはいきません。申し込んでもいないのに、営業
メールがガンガン送られてくると、とても困りますよね。

　受信者の同意がなく広告・宣伝目的のメール送付を禁止する法律が「**特定
電子メール法**（迷惑メール防止法）」です。受信者に許可を得ることを「オ
プトイン」といいますが、特定電子メール法ではオプトインによる広告・宣
伝メールの送信のみ許されているのです。

　どんなにすばらしい情報でも、嫌がる顧客に送信していればクレームにも
なりかねません。そのあたりはキチンと対応したいですね。

少しでも多く売り上げる方法
ロングテール／レコメンデーション／アフィリエイト

「売上を上げるために、たこ焼き以外の食品もたくさん販売しよう」

　そう思っても、お店では陳列や在庫スペースが限られるので、ある程度以
上売れる商品しか置けません。

　一方、ネットショップで商品を紹介するスペースに制限はありません。在
庫も大型倉庫に置いておけばいいので、問題になりませんね。1 年に 1 個
か 2 個しか売れない商品が多くても、もしそれらが 1000 種類もあれば、

バカにならない売上となります。このように、売れ筋ではないものを多種類売り、結果として利益を上げる方法を「ロングテール」といいます。

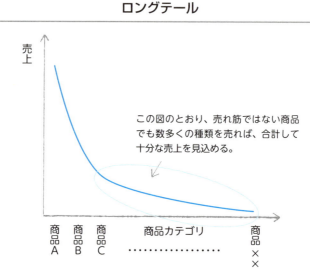

ロングテール

この図のとおり、売れ筋ではない商品でも数多くの種類を売れば、合計して十分な売上を見込める。

また、過去の購買履歴から、以下のようなことがわかったとします。

「チーズたこ焼きを買ったお客様は、チーズたい焼きも一緒に購入する確率が高い」

この情報を利用して、「こちらの商品もいかがでしょうか？」とおすすめすれば、売れるチャンスは高まりますよね。このようなサービスを「レコメンデーション」といいます。

さらに有効なのが、「あなたのブログに広告を出して、その広告を経由して売上が上がったら、その収益の一部を還元しますよ」という施策をおこなうことです。自分たちだけで努力するわけではなく、まわりの人にも協力してもらうのです。このしくみを「アフィリエイト」と呼びます。

検索エンジンやソーシャルネットを活用してネットショップの訪問者を増やす
SEO ／ SNS ／レピュテーションリスク

　レコメンデーションやアフィリエイト以外にも、たこ焼き屋チェーンの
ネットショップの売上をアップさせる施策はあります。

　特に大事なのが、Google などの検索エンジンで、ネット利用者が「たこ
焼き」と入力したとき、検索結果の上位に同社のホームページが表示される
ようにすること。検索エンジンで上位に表示されれば、より多くの方が
Web サイトに訪問してくれるからです。このような取り組みを「**SEO（検
索エンジン最適化）**」と呼びます。

　さらに最近では、期間限定で発売した「コーンポタージュ味たこ焼き」が
Twitter の口コミで広がり、その結果、ネットショップへ訪問する人が増え
ています。Twitter のように、人と人がコミュニケーションするサービスを
「**SNS（ソーシャル・ネットワーク・サービス）**」と呼びます。

　このように、SNS では肯定的な口コミが広がることも多いですが、一方
で企業が不祥事を起こすと、あっという間に SNS で否定的な評価や評判が
広まることもあるでしょう。その結果、企業のブランド価値が低下するリス
クが発生します。このリスクを「**レピュテーションリスク**」といいます。

　SNS は、良い意味でも悪い意味でも、企業側がコントロールできません。
ふだんから不適切な行動をしないようにすることだけが、唯一の対応策と言
えるでしょう。

検索エンジンの結果表示の上位をお金で買う方法とは？
リスティング広告

　検索エンジンで上位に表示させる SEO のテクニックの王道は、「ネット
ユーザーが喜んでくれる記事をたくさん書くこと」です。

　Google などの検索エンジンは、ネットユーザーが「たこ焼き」とキー
ワードを入力して検索をした場合、「たこ焼きに関する記事が充実している
サイト」を上位に表示しようとします。そのため、「たこ焼き」に関する記
事を充実させることが大切なのです。

しかし、Webサイトを作ってすぐに、記事を充実させることは難しい場合があります。また、たくさん記事を作ったからといって、すぐに検索エンジンで上位表示されるとは限りません。

　その場合は、「たこ焼き」の検索結果表示の上に、「たこ焼き屋ネットショップ」の広告を出せば、たこ焼きに関心のあるユーザーに、広告をクリックさせてお店のWebサイトを訪問させることができますよね。

　このように、検索エンジンの検索結果と連動して表示される広告を「**リスティング広告**」といいます。

リスティング広告

ネットを使って実店舗の集客を成功させる
プル戦略／プッシュ戦略

　たこ焼き屋ショップのネット戦略はネットショップだけで完結するわけではありません。検索エンジンやTwitterに広告を掲載し、たこ焼き屋チェーンのホームページにアクセスしてもらい、期間限定商品やお得情報を紹介するなどして、お客様に店舗に来ていただく取り組みも重要です。

　このように、広告などで広くユーザーに訴求し、店舗に誘導しようとするプロモーションを、「店舗に吸引する（引っ張る）」という意味で、「**プル戦**

略」と呼びます。テレビCMや雑誌広告などもプル戦略の仲間です。

　一方、各店舗には、土日になると「たこ焼きキャンペーンガール」を派遣
し、道行く人にたこ焼きを試食してもらい、店舗に誘導して購入してもらう
取り組みもします。ほかにも、スーパーチェーンに卸している冷凍たこ焼き
については、「売れたら××円お支払いするので、店頭で目立つように展開
してください」というお願いをして、販売を強化しています。

　このように、販売員による営業や、流通先の販売意欲を強化する手法を、
「お客様にプッシュして購入していただく」という意味で「**プッシュ戦略**」
といいます。

プル戦略とプッシュ戦略

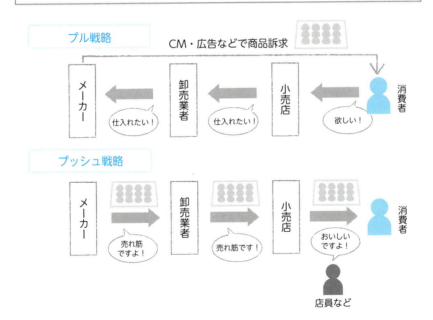

売上をアップさせるにはリアルとデジタルを上手に組み合わせることが必要
O to O／オムニチャネル

　前項の「プル戦略」でも説明したとおり、いまや、実店舗に来店してもら
うために、Webサイトなどでプロモーションすることがあたりまえになって
います。

このように、オンライン（ネット）からオフライン（実店舗）の集客や購買につなげることを、「O to O（Online to Offline の略)」といいます。

　たこ焼き屋チェーンを展開する企業の場合は、実店舗や Web サイト以外にも「通販で冷凍たこ焼きを購入できるネットショップ（EC サイト)」や「電話で注文を受け付けるダイレクトメール」、「たこ焼きのおいしさを伝える Twitter の公式アカウント」など、顧客との接点を持つさまざまな取引経路を活用しています。

　このような取引経路のことを「チャネル」といいますが、たこ焼き屋チェーンを展開する企業はさらに、これら複数のチャネルを有機的に連携させ、顧客の利便性を高めています。

　具体的には、たこ焼き屋店舗で顧客が注文した冷凍たこ焼きが品切れしていた場合、すぐに EC サイトへオーダーしてその日のうちに顧客の自宅に届けるなどの工夫がしてあるのです。

　このように、複数のチャネルを連携させる取り組みを「オムニチャネル」と呼びます。「オムニ」とは「すべての」という意味。たこ焼き屋チェーンを展開する企業は、顧客満足の向上をめざし、すべてのチャネルを有機的に統合しようとしているのです。

オムニチャネル

複数のチャネルを有機的に連携させ、顧客の利便性を向上させます

トラブルは未然に防ぐ
特商法

　たこ焼き屋チェーンの企業では、ネットショップの売上拡大を重点課題と考えています。とはいえ、通信販売は何かとトラブルが多い販売方法なので、トラブルにならないよう社内でルールをきちんと定めて運用することも大切です。

　通信販売は「**特商法**」という消費者を保護する法律の対象にもなっています。特商法とは正式名称を「特定商取引に関する法律」といいます。通信販売に関するところでは、

- 広告に「返品の可否および条件の記載」をしていない場合、契約後8日間は消費者側から契約の解除ができる
- あらかじめ承諾をもらった方以外には電子メール広告を送ってはいけない

などの改正が平成20年にされました。

　先ほど説明した特定電子メール法と同じく、たこ焼き屋ネットショップではきちんと対応していくことを検討しています。

スマホアプリからの注文でカンタンに配達できる秘密
クラウド／ディジタルトランスフォーメーション／シェアリングエコノミー

　たこ焼き屋チェーンの一部店舗では、冷凍たこ焼きや生鮮食料品も扱っています。これらの商品は、たこ焼きの移動販売用の自動車を使って配達サービスもします。配達注文の受付は電話のみ対応していたのですが、電話対応に社員の時間を取られすぎるのが悩みのタネでした。

　そこで、お客様のスマホアプリから配達の注文ができる情報システムを開発しました。このシステムはインターネット上の高性能サーバの中で稼働しています。インターネット上のサーバは、お客様から見て「雲（クラウド）」の中にあるかのように、よく見えない存在であることから「**クラウドサーバ**」と呼ばれます。

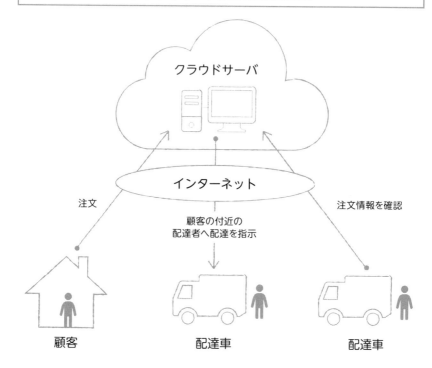

クラウドサーバによる配達注文

クラウドサーバ

インターネット

注文

注文情報を確認

顧客の付近の
配達者へ配達を指示

顧客

配達車

配達車

　お客様が注文した情報はクラウドサーバの中に蓄積されるため、配達担当
の運転手が自分のスマホから注文内容を直接確認できるようになりました。
その結果、注文を受ける専任担当は不要になったのです。

　さらに、新たな注文が入ったら、注文したお客様の近くを走る配達車の運
転手へ、クラウド上のシステムからメッセージを自動的に送れるようにしま
した。売れ筋の商品をあらかじめ配達車に積んでおくことで、店舗に商品を
取りに帰ることなく多くの注文に対応できるようになったのです。

このように、企業の活動を IT をベースとして変革することを「**ディジタル
トランスフォーメーション（DX）**」といいます。ディジタルトランスフォー
メーションの著名な例は、民間の住宅の空き部屋を宿泊用に提供する「民泊
サービス」や、一般の乗用車をタクシー代わりに利用できる「ライドシェ
ア」のサービスがあります。民泊サービスやライドシェアは、どちらもベン
チャー企業がスマホアプリ用のサービスを開発したものですが、いまや、ホ

テル業界やタクシー業界を脅かす存在となりました。

　民泊サービスやライドシェアのように、モノやサービスを多くの人と共有
しようとする考え方やサービスを「**シェアリングエコノミー**」といいます。

ストラテジ

> ## 将来、配達車を自動運転にするためには
> 自動運転／コネクテッドカー／ 5G ／エッジコンピューティング

　現在は少子高齢化時代。今後ますます高齢者が増えるので、たこ焼き屋
チェーンを経営する企業は「商品を宅配してほしい」という需要も増大する
と考えています。しかし、若い労働人口は減っていくため、宅配車の運転手
が足りなくなるかもしれません。

　そのため、たこ焼き屋チェーンの企業は大手自動車メーカーと組んで「**自
動運転**」の実験をしています。自動運転車とはその名のとおり、無人で自動
運転する車のこと。さまざまなセンサを搭載して車外の情報を集め、自動車
に搭載された人工知能（AI）が状況を判断し運転操作をします。

　さらに、たこ焼き屋チェーンの企業は「**コネクテッドカー**」の実験にも参
加しています。コネクテッドカーは、インターネットや無線でさまざまなモ
ノとつながることができる自動車のことです。コネクテッドカーの技術を使
えば自動運転自動車だけでなく、現在の有人の宅配車でも次のようなことが
できるようになります。

- クラウド上のサーバとつながることで、自動車が危険な場所を走行したら
運転手に警告を出す
- 近くを走行するほかの自動車と無線で交信し、お互いの車両が注意しなが
ら走行する

　このようにコネクテッドカーは、クラウド上のサーバやほかの自動車と通
信しながら安全運転を実現します。ただし、これらの情報通信は、高速で遅
延の発生しない、高品質のネットワークが求められます。というのも、すぐ
近くにほかの自動車を発見しても、その情報がわずか1秒遅れるだけで、
大事故につながりかねないからです。

そこで、コネクテッドカーをクラウドにつなげる高品質ネットワーク網として、「5G」が期待されています。5G とは、2020 年にサービスが開始された、携帯電話ネットワーク技術のこと。docomo ／ au ／ソフトバンクの 3 大携帯電話事業者も 5G の商用サービスをはじめました。

このように 5G が注目されるのは、「高速・大容量」「低遅延」「多接続」の 3 つの大きな特徴があるからです。

高速・大容量	従来の約 100 倍の速度で通信できる
低遅延	タイムラグが 1 ミリ秒（1000 分の 1 秒）以下
多接続	ごく狭いエリアでも数十〜数百の端末を同時に接続できる

以上のように、非常に優れた 5G のネットワークですが、この 5G のネットワークを利用しても、クラウド上へ大量のデータを送信して処理し、再度データを受信するには、時間がかかりすぎることもあります。これは、クラウド上のサーバが物理的に非常に遠い場所にあるので、どうしても多少の遅延が発生してしまうことが原因です。

では、もし情報を処理できるサーバが近くにあれば、もっと遅延は少なくなるはずですよね。そこで、考え出されたのが「エッジコンピューティング」です。エッジとは「周辺」という意味です。

具体的には、自動運転車が収集したさまざまな情報を、近くの携帯電話の基地局にあるサーバなどへ送ります。そのサーバーでデータを処理すれば、非常に高速に自動運転車に戻すことができる、という寸法です。

LPWA や 5G など、現在さまざまな最新ネットワークが出てきていますが、それぞれの特徴に合った利用方法を選択することが大切です。

たこ焼き屋の支払いが暗号資産に対応？
フィンテック／ APIエコノミー

　たこ焼き屋チェーンの店舗では、数年前までは現金しか扱えませんでした。しかし、競合店舗やコンビニでは、電子マネーやクレジットカードが使えてあたりまえです。

　そこで1年ほど前に、たこ焼き屋チェーンの各店舗のレジを最新のモノに入れ替えました。すると、現在ではクレジットカードや電子マネーに加え、スマートフォンや暗号資産（仮想通貨）での支払いにも対応できるようになったのです。

　たこ焼き屋チェーンを経営する企業以外でも、社会全般を見ると、最新ITを活用したさまざまな金融サービスが増えてきました。最新ITを活用した新しい金融サービスは次のようなモノがあります。

- 銀行やクレジット会社のデータを自動で取り込めるスマートフォン向け家計簿アプリ
- 人工知能（AI）が最適な運用方法をアドバイスする資産管理サービス
- お金の借り手と貸し手をネット上でマッチングさせるソーシャルレンディング

　このような最新ITを活用した金融サービスのことを「**フィンテック**」と呼びます。フィンテックとは「金融（ファイナンス）」と「技術（テクノロジー）」を組みあわせた造語です。

　現在、多くのフィンテックのサービスが誕生している理由の1つに、「各金融機関がAPIを公開するようになったから」というものがあります。APIとは「アプリケーション・プログラミング・インタフェース」の略で、「アプリケーション同士が情報をやりとりする際に必要な決まりごと（インタフェース仕様）」のことです。

　たとえば、銀行やクレジットカード会社がそれぞれ自社のAPIを公開しているので、スマホ用の家計簿アプリは銀行やクレジットカード会社のデータを取り込めるようになりました。

このように、APIを活用することで価値あるビジネスや新しいサービスが増えていく社会・環境のことを「APIエコノミー」といいます。

前述のとおり、たこ焼き屋チェーン店は、「電子マネー」や「暗号資産（仮想通貨）」によるキャッシュレスの支払いに対応するようになりました。

ところで、あなたは電子マネーと暗号資産の違いがわかりますか？　次の図を見ながら、法定通貨・代替通貨・暗号資産を押さえておきましょう。

まず、法定通貨とは「国家が価値を保証する通貨」のことです。日本では「円」が法定通貨で、日本国（日本銀行）がその価値を保証しています。

つづいて、代替通貨とは「法定通貨の代わりになるもの」で、電子マネーも代替通貨の1つです。わが国の電子マネーは、「交通系企業が価値を保証するもの（交通系）」と「流通系企業が価値を保証するもの（流通系）」の大きく2種類があります。交通系はJR東日本のSuica（スイカ）などで、流通系は楽天Edyやnanacoなどがあげられます。たとえば1万円分チャージしたSuicaで買い物ができるのは、そのSuicaに「1万円分の価値が入っている」ことをJR東日本が保証しているからです。

法定通貨と代替通貨と暗号資産

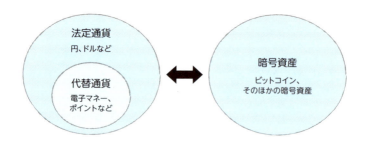

一方の暗号資産は「特定のだれかが価値を保証している」ことはありません。ビットコインを始めとする暗号資産は、「ブロックチェーン」という技

術を元に作られています。ブロックチェーンは「分散データベース」と呼ばれる技術です。たとえばビットコインは取引データ（台帳）をビットコインのネットワークに参加する全員で管理します。

　従来の金融システムは国の中央銀行が台帳を一元管理する考え方でした。一方、ブロックチェーンは最新ITを活用して参加者全員で台帳を管理することで、不正や消失が発生しない頑強なシステムを実現しています。つまり、「ブロックチェーンという非常に頑強なプログラムが、暗号資産の価値を保証している状態である」ともいえるのです。

従来のデータベースと分散データベース

従来の金融システム（イメージ）

ブロックチェーンによる分散データ
ベース型金融システム（イメージ）

1-02

生産性を高める、たこ焼き屋の秘策

「お客様に大きな価値を提供して、すべての商品が売れた！」

　こんな状況になったら、理想的ですよね。しかし、ホントに手放しで喜んでいいのでしょうか？

　お客様は商品と交換で、代金（お金）を支払ってくれます。ただ、その商品を作る費用のほうが代金より大きかったら……。売れば売るほど赤字になってしまいますよね。
　そんなことにならないために、製造部門や社内部門はさまざまな工夫で効率化し、費用をできるだけ小さくしようとします。
　ここでは、そんな製造部門や社内部門の取り組みについて、見ていきましょう。

> **業務がうまくいっているかどうかを分析するには**
> パレート図

　「生産性を高める」といっても、そもそも自社の現状を知らなければ、どんな手を打てばいいのかもわかりません。そこで、たこやき屋チェーンの企業は商品の売れ行きに関するデータを集めて分析しました。たとえば、

「売れ筋ベスト3の商品がどれぐらい売上に貢献しているのか？」
「売上上位の商品（要素）が、全体の中でどれぐらいの比率を占めている？」
「人気のない商品を販売中止にすると、どれぐらい売上が減るのか？」

　そのような分析ができると、売れ行きを伸ばすためにどのような手を打てばいいのかがわかって便利ですね。そのために利用されるのが「パレート図」です。

　パレート図は「QC7つ道具」と呼ばれる、数量的なデータを分析する方法の1つです。この本の中では、ほかに頻出の「**散布図（P053）**」「**特性要因図（P055）**」「**管理図（P069）**」を説明しています。

各店舗の売上のパレート図

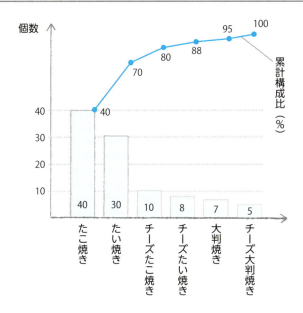

業務改善のアイデアをまとめる方法
ブレーンストーミング／親和図法

　ビジネスはいつも順調というわけにはいきません。業務が想定どおりにいかない場合、改善のアイデアを出す必要があります。

　たとえば、たこ焼き屋チェーンの月島店の売上が不振だった場合は、次のような意見が出てくることでしょう。

- 店が知られていない
- 大通りから脇道に入ったところにある
- 月島はもんじゃの街というイメージがある
- たこ焼きの需要がない
- 場所がわかりにくい
- 地元のリピーターが多く、観光客は少ない

　できるだけ多くの意見や発想があったほうが、よりよい解決策が見つかりやすくなります。そのための手法が、「**ブレーンストーミング**」です。ブレーンストーミングでは、以下のルールに従い、アイデアを出していきます。

- 質より量
- 他人のアイデアを批判しない
- 自由で突飛な意見を歓迎
- 他人の意見に便乗することを歓迎

　もちろん、意見を多く出すだけでは会議が発散してしまうだけなので、これらの問題点を集約する必要があります。上記の場合は、以下のように大きく２つの内容にグルーピングすることができます。

❶立地に問題がある
❷もんじゃを食べに来た観光客を取り込めていない

　それぞれ、以下のような対策が考えられます。

❶の対策　➡　大通りから脇道に入るところに、看板を立てる
❷の対策　➡　観光客のお土産用に、月島店限定のもんじゃ風味たこ焼きを販売する

　このように、多くの意見を似たような内容でグルーピングして、意見の集約を図る手法に「**親和図法**」があります。親和図法は、おもに言語データを

整理して、新しい発想を得るために使われます。

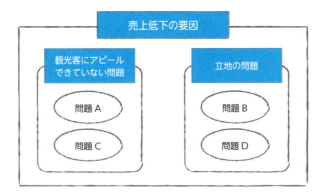

親和図法

売上低下の要因

観光客にアピール
できていない問題

立地の問題

問題 A

問題 C

問題 B

問題 D

ソフトクリームの売れ行きと気温に関係はあるか？
散布図

　たこ焼き屋チェーンの各店舗では、ソフトクリームも販売していましたが、気温によって売れ行きがバラバラです。売れ行きがバラバラだと、どれぐらい原材料を用意しておけばいいのかが予測しづらく、「売り切れ」や「原材料の過剰在庫」が発生し、ムダが多くなってしまいます。

　そんなときに有効なのが、日々の気温とソフトクリームの売れた本数の関係を、次ページの図のようにグラフにマッピングしてみることです。

　グラフを見ると、次のような傾向が見えてきました。

- 気温が 15 度のときは約 300 個売れている
- 気温が 20 度のときは約 350 個売れている
- 気温が 25 度のときは約 400 個売れている

　これをふまえて、気温の予測によって原材料の量を変更すれば、ある程度売り切れやムダな在庫を削減できそうですよね。

　このように、2 つの要素の関係をグラフにマッピングし、全体の法則性を

見つけるものを「散布図」といいます。

日々の気温とソフトクリームの売れた本数の散布図

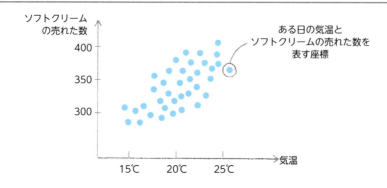

ソフトクリームが売れると、プールで溺れる人が増える？
相関／因果／疑似相関

　前項では、「気温が高いほどソフトクリームが売れる」という関係性がありました。

　このように、一方の変化に対応して他方も変化するような関係を「相関」といいます。また、気温とソフトクリームの相関では、

「気温が高くなったことが原因で、ソフトクリームがたくさん売れた」

というように、原因と結果の関係なのは明らかですね。このような関係を「因果」といいます。それでは、次のようなケースはどうでしょうか？

　ある夏、とあるたこ焼き屋店舗で「ソフトクリームが多く売れた日には、近くのプールで溺れる人が出やすい。呪われている！」という不気味なウワサが流れたことがありました。その店舗の店長は「そんな馬鹿な」と思いつつ調べてみると、たしかにソフトクリームが平均より多く売れた日に水難事故が集中していたのです。

はたして、ソフトクリームの売れ行きとプールの水難事故に因果関係があるのでしょうか。それとも、やっぱり呪いでしょうか？

答えは、因果関係もなければ呪いでもありません。じつは、ソフトクリームが多く売れて水難事故が発生した日には「気温が高い」という「見えない要因」があったのです。気温が高い日ほど、ソフトクリームは売れますしプールも混雑するので、ふだんより事故が起こりやすくなるのでしょう。

このように、因果関係のない2つの事象が見えない要因によって、あたかも因果関係があるかのように見えることを「疑似相関」といいます。

世の中には一見因果関係があるようで、じつは疑似相関だった、ということがたくさんあります。うっかり騙されないように、相関関係があるデータを見るときには「第3の要因が隠れていないか」をチェックするようにしましょう。

「なぜ売上がアップしたのか？」を分析する
特性要因図

企業にとって、売上アップは永遠の課題。たこ焼き屋の売上アップのための条件を以下の2つに分けてさまざまな施策を考えてみると、次の図のようになります。

● 来店客数を増やす
● お客様1人ひとりの買上金額をアップする

売上アップという「特性」を実現するための施策＝「要因」をまとめることからこの図を「特性要因図」と呼びます。形が魚の骨に似ているので「フィッシュボーンチャート」とも呼ばれます。

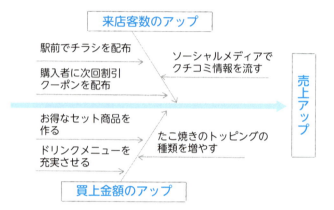

売上アップのための施策を書いた特性要因図

来店客数のアップ

駅前でチラシを配布

購入者に次回割引
クーポンを配布

ソーシャルメディアで
クチコミ情報を流す

売上アップ

お得なセット商品を
作る

ドリンクメニューを
充実させる

たこ焼きのトッピングの
種類を増やす

買上金額のアップ

> **目に見えないロボットもいる**
> RPA

ここまででデータの分析方法をいくつか見てきましたが、そもそもこのようなデータはどうやって集めればいいのでしょうか？

人手があればできそうですが、たこ焼き屋チェーンの企業は毎年成長しているので、いつも従業員が不足気味です。そこで、ロボットを活用してデータを収集しています。このロボットは、なんと人間の目に見えません。それでも、パソコン業務ですごく大活躍してくれます。

たとえば、インターネット上のライバルたこ焼き店のホームページを 1,000 社ほど見て回り、各店舗のたこ焼き価格の一覧表をエクセルで、なんと 10 分もかからず仕上げてしまうのです。

また、データ収集以外に、事務作業もこのロボットを活用して効率化しています。

このような、ソフトウェア製のロボットのことを「RPA（Robotic Process Automation）」といいます。現在「ホワイトカラーの生産性を向上させる」ということで、注目されています。

新製品開発の時間を短縮するために
コンカレントエンジニアリング

次はモノづくりの中心である生産部門の仕事を見ていきましょう。

新しいたこ焼きを開発する場合、以下のような手順を踏むのが普通です。

商品の試作品を開発する
→ 製造方法を決める
→ 工場で生産を始める

　しかし、この方法だと、1つの手順が終わらないと次に進めないため、時間がかかってしまいます。そこで、開発部・製造部・生産部で最新情報をコンピュータで共有したらどうなるでしょうか。大手スーパーチェーンから「チーズ味のたい焼きがほしい」と言われた場合、製造部門が商品開発部の開発状況をリアルタイムで確認して製造方法を検討し、製造方法が少しずつ決まるタイミングに合わせて生産も進めることができますよね。

　このように、商品開発・製造方法・生産などを同時並行で進め、商品化の時間短縮を図る方法を「コンカレントエンジニアリング」といいます。

コンカレントエンジニアリング

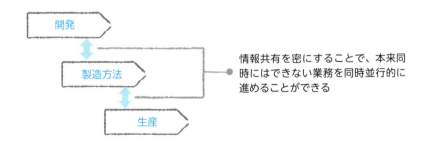

情報共有を密にすることで、本来同時にはできない業務を同時並行的に進めることができる

　たこ焼き屋チェーンでは、売上アップのため、期間限定でパンダ焼き、イルカ焼きなどさまざまな商品を開発しました。

　新しい形の商品を作るには、そのための金型が必要です。以前は、デザインも含めて金型メーカーに発注していましたが、最近ではIT化の進展により、たこ焼き屋チェーンの企業の中で、社員が開発できるようになりました。

　まずは、新しい金型の形を、パソコン上でデザインしていきます。そのとき利用するのが、「CAD（Computer Aided Design：コンピューターを利用して機械、各種建築物、電子回路などの設計をおこなうシステム)」と呼ばれるソフトです。

　金型のデザインが終わると、パソコンの中に、そのデザインに関するデータが生成されます。そのデータを利用して、「CAM（Computer Aided Manufacturing：コンピュータ支援製造の略)」と呼ばれるソフトが自動で金型作成機械をコントロールして、金型が完成するのです。

CADとCAM

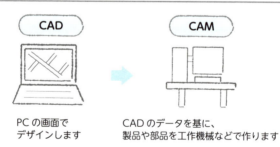

CAD	CAM
PCの画面で デザインします	CADのデータを基に、 製品や部品を工作機械などで作ります

　ちなみに、生産の現場では、もっと広い範囲で情報化が進んでいます。

　冷凍たこ焼き製造工場では、たこ焼きの原材料を投下してから製造・梱包に至るまで、一連の工程をロボットが自動で作業できるようにITで管理しています。このようなシステムを「FMS（Flexible Manufacturing System)」といいます。

基礎理論

ストラテジ

マネジメント

テクノロジ

記憶術

計算問題

暗記+本番

ノウハウを組織全体で共有するには
ナレッジマネジメント

　開発・生産部門では、それぞれの技術者が持つ情報やノウハウを共有するためにも、ITを活用しています。具体的には、社内LANの中に電子掲示板を立ち上げ、従業員1人ひとりが自由に、自分の持っている情報やノウハウなどを書き込めるようにしているのです。

　そうすると、興味深い投稿にコメントが付いたり、関連する情報が書き込まれたりするなど、活発に意見交換をするようになります。その結果、この掲示板から新しくて有望なアイデアが生まれたり、社内のノウハウが蓄積したりします。

　このように、各従業員が持っている情報や知識・ノウハウを共有し、組織全体で活用していくしくみを「ナレッジマネジメント」と呼びます。

ナレッジマネジメント

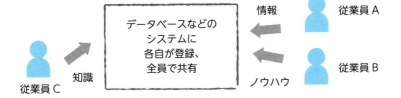

技術革新には2種類ある
プロセスイノベーション／プロダクトイノベーション

　普通のたこ焼きは、水に溶いた小麦粉を熱したたこ焼きの型（鉄板）に入れて焼き上げます。冷凍たこ焼きの工場でも、以前はこの方法で冷凍たこ焼きを作っていたのですが、「大量生産に向かない」という欠点がありました。

　そこで、たこ焼き製造ライン担当の技術者は、電子掲示板に蓄積された生産方式に関するノウハウを参考にしながら、

「まずは、水で溶いた小麦粉を丸めてから、業務用オーブンで焼き上げる」

という、新しい生産方式を開発しました。その結果、以前より効率的に冷凍たこ焼きを生産できるようになりました。このように、商品の製造方法に関する技術革新のことを、製造過程（プロセス）における革新（イノベーション）ということで、「プロセスイノベーション」といいます。

　一方、別の技術者は、材料や製法を見直すことで、冷凍たこ焼きにこれまで以上のフワッとした食感を出すことに成功しました。こちらは「製品（プロダクト）に関する技術革新」ということで、「プロダクトイノベーション」といいます。

> ### 手間ひまかけずにザックリ発注
> 定期発注方式と定量発注方式

　たこ焼き屋チェーン店の売れ筋は当然ながら、たこ焼きです。日々のたこ焼きの販売量は多いですが、曜日やイベントの有無で販売量が大きく変動します。

　たこ焼きの主力原料は小麦粉です。これをどのタイミングで、どれぐらい必要になるかを考えながら発注するのは、めんどうですよね。うまく発注しないと、ロスも大きくなります。

　そこで有効なのは、「週に1度」「10日に1度」など発注するサイクルを決め、直前の消費量を分析して、「どれぐらい発注するか＝発注量」を決める方法です。このような発注方式を「定期発注方式」といいます。定期発注方式は、手間がかかりますが、需要の総量の大きいものや、需要の変動の大きいものをきめ細かく発注管理するのに向いています。

　一方、たこ焼き屋チェーン店で大判焼きも扱っていたらどうでしょう。大判焼きは、販売量がたこ焼きに比べてかなり少なく、曜日やイベントの有無で販売量に変動はありません。一部のファンが定期的に購入してくださっているのです。

　このように、消費量が少なく、販売量の変動も小さい原材料（たとえば小豆）ならば、「倉庫の在庫が、ある一定量を下回ったら、あらかじめ決めておいた量を発注する」という方式を取るのが効率的です。この方式を「定量発注方式」と呼びます。毎回、機械的に発注をすることができるので、手がかからないのがメリットです。

定期発注方式と定量発注方式

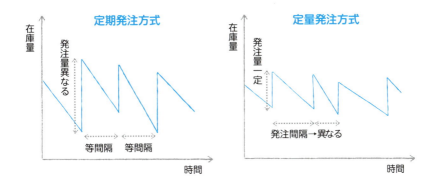

小麦粉の仕入れ値は考え方で変わる
在庫評価

　たこ焼き屋チェーンでは、小麦粉を毎日のように仕入れます。そして、企業が購入する原材料は、定価が決まっておらず、日々値段が変化します。しかも、日々入庫する小麦粉の量もバラバラですから、「倉庫に入庫したどの小麦粉が、いくらで購入したものか」なんて、いちいちわかりません。

　そこで、帳簿上、ある一定の考え方で、小麦粉を出庫して使うときの原価を考えます。具体的には以下の2つの方法があります。

● 倉庫に先に入れたものから、先に出庫したと考える「先入れ先出し法」
● 倉庫に後に入れたものから、先に出庫したと考える「後入れ先出し法」

　たとえば、月曜日に、キロあたり100円で50キロ、小麦粉を入荷したとします。
　続いて、火曜日に、キロあたり90円で20キロ入荷したとします。
　さて、水曜日に30キロ、たこ焼きの原料として使うため小麦粉を出庫したとすると、原価はいくらになるでしょうか？
　答えはそれぞれ次のとおりです。

●先入れ先出し法

月曜日に入れた（＝先に入れた）キロあたり100円のものが出荷したとするので、原価は以下のようになります。

100円× 30 キロ＝ 3,000 円

●後入れ先出し法

火曜日に入れた（＝後に入れた）20 キロと、足りない分は月曜日の入庫分のうち 10 キロが出庫したと考えますから、原価は以下のようになります。

90 円× 20 キロ＋ 100 円× 10 キロ＝ 2,800 円

在庫評価

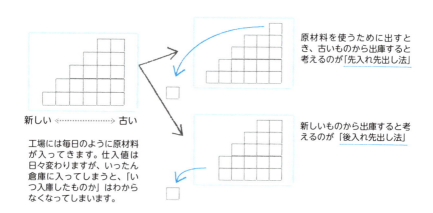

新しい ◄·················► 古い

工場には毎日のように原材料が入ってきます。仕入値は日々変わりますが、いったん倉庫に入ってしまうと、「いつ入庫したものか」はわからなくなってしまいます。

原材料を使うために出すとき、古いものから出庫すると考えるのが「先入れ先出し法」

新しいものから出庫すると考えるのが「後入れ先出し法」

> ### 商品をできるだけ効率的に生産するには
> ライン生産方式／JIT生産方式／セル生産方式

チェーン店でお客様に販売するたこ焼きは、お店で手作りするのが一般的でしょう。一方、ネット販売やスーパーに卸す冷凍たこ焼きは、工場内のベルトコンベアに流して大量生産しなければ、注文に追いつきません。

　ベルトコンベアなどを使った長い工程作業で、同一のものを大量生産する方法を「**ライン生産方式**」といいます。

　冷凍たこ焼きのライン生産では、丸めた材料を、次の焼き上げる作業にベルトコンベアでどんどん流していくのが普通です。しかし、たこ焼きを焼くマシンにトラブルが発生した場合、あっという間に焼く前の状態の商品がたまってしまいます。そのような問題を解決するには、

「まず、焼きの作業が終わり、焼くためのマシンが空になったら、必要な分だけ、焼く前の商品をベルトコンベアで流してもらう」

という方式を取ることが必要です。このように、「必要な商品（材料）だけを、必要なときに、前の作業（工程）から流してもらう」方式を、「**JIT（ジャスト・イン・タイム）生産方式**」といいます。

　JIT生産方式は、わが国のトヨタ自動車から始まったものであり、「**トヨタ生産方式**」と呼ばれることもあります。トヨタ自動車では、後の工程から前の工程に対し、「材料を〇個ください」と書いたカンバン（イメージとしては、小ぶりのホワイトボード）を渡し、必要な数だけ調達します。このことから、トヨタ社内では「**カンバン方式**」と呼ばれています。

　一方、特注のウェディングケーキの場合は、1人または数人の職人が、スポンジケーキの飾りつけを、最初から最後までおこないます。このような生産方式を「**セル生産方式**」といいます。セルとは「細胞」という意味です。

　セル生産方式のほかの例としては、DVDプレーヤーやプリンタなどの生産があります。

ライン／ JIT ／セル生産方式

ライン生産方式

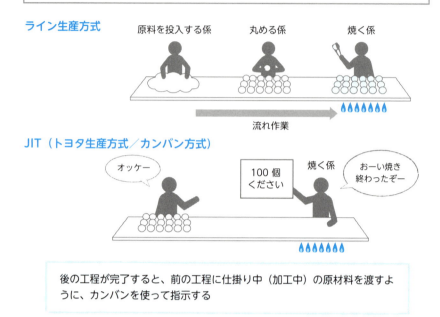

JIT（トヨタ生産方式／カンバン方式）

後の工程が完了すると、前の工程に仕掛り中（加工中）の原材料を渡すように、カンバンを使って指示する

セル生産方式

さまざまな道具や材料を手に取りやすい位置に配置し、最初から最後まで1人（または数人）で作業を完成させる

たこ焼きの焼き加減を自動的にチェックしておいしく焼く秘密
IoT ／センサ／アクチュエータ／ M to M ／スマートファクトリー／インダストリー 4.0

　たこ焼き屋チェーンを経営する企業では、この冷凍たこ焼きを製造する工場でも最新 IT 化を推し進めています。

　たとえば、これまで冷凍たこ焼きの大量生産は担当の従業員が「焼く係」

を務めていましたが、最近これらをすべて自動化しました。具体的には、たこ焼きを焼く機械に温度センサや触覚センサを取りつけ、

「今、たこ焼きを焼く機械の表面温度は何度か」
「焼かれているたこ焼きは、どれぐらい硬くなっているのか」

を、リアルタイムにチェックできるようになったのです。

　また、たこ焼き自動焼き機では、温度センサや触覚センサの情報に応じて、自動的に火力を調整したり、たこ焼きをひっくり返したりする機能がついています。さらに、火力に異常があると、管理センターのスピーカーでアラームが鳴るようにネットワークで接続・設定してありますので、無人で運転させても大丈夫です。

　このように、機械やシステムなど、あらゆるモノをインターネットなどのネットワークに接続して情報を活用することを「IoT（アイ・オー・ティー）」といいます。IoT は「Internet of Things」の略で、直訳すると「モノのインターネット」です。

　この IoT の代表的な形態は、以下のとおりです。

● IoT の代表的な形態
❶入力：各種センサがさまざまな情報を収集する
❷処理：ネットワークを経由して、クラウドサービスなどに送られた入力情報に対し、何らかの処理をする
❸出力：処理されたデータは、ネットワークを経由してアクチュエータに送られ、現実世界に対し、フィードバックする

　❸の「アクチュエータ」とは、入力された情報を元に物理的・機械的な動作へと変換する装置のことです。たこ焼き自動焼き機では、火力の調整装置やたこ焼きをひっくり返す装置、管理センターのスピーカーがアクチュエータにあたります。

また、IoTとほぼ同義の用語に、「M to M (Machine to Machine：機械同士をネットワークで接続し情報をやりとりすること)」があります。

ここまで見たように、冷凍たこ焼きを作る工場は、工場の中であらゆるモノがつながり、人手をほとんど借りることなく、自律的に生産できます。このようにIoTを活用するなど、最新ITやネットワークで最適化された工場を「スマートファクトリー」といいます。

工場のスマートファクトリー化は外国でも進んでいます。特にドイツでは「インダストリー4.0」という国家プロジェクトで、工場のスマートファクトリー化だけでなく、産官学共同で製造業全体の革新を目指しています。

なお、「インダストリー4.0」は、P129で説明する「第4次産業革命」そのものを指す言葉として使われる場合もあります。

> ## 工場の生産スピードを改善するために最適な方法とは
> TOC（制約理論）

生産方式の工夫や最新IT化により、冷凍たこ焼きを焼き上げる工程では、目標どおり大量生産ができるようになりましたが、焼き上げたたこ焼きを冷やす工程で時間がかかってしまいます。冷やした後、袋詰めする作業は大量に処理できるのですが、どうしても冷やす工程で時間がかかるため、焼き上がったたこ焼きをすぐに袋詰めすることができません。

このように、前後の工程の処理能力がいかに大きくても、間の工程の処理能力が小さいと、結局、全体の生産能力（スピード）は、小さい処理能力に応じたものになってしまいます。このことを「TOC (Theory Of Constraints：制約理論)」といいます。TOCでは、「工程全体の中で、足を引っぱっている部分を集中的に改善しろ」と教えています。

たとえば、この工場では、焼き上がったたこ焼きに冷たい空気を送る装置を設置することで、冷やす時間を大幅に短縮できるようになりました。

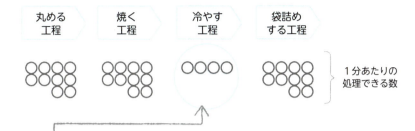

TOC（制約理論）

ストラテジ

周りの工程が1分あたり10個処理できても、たった1つでも1分あたり4つしか処理できない工程があると、たこ焼きの製造量は「1分あたり4個」になってしまう

➡ 「冷やす工程」がボトルネックで足をひっぱってしまう

➡ 「冷やす工程」のスピードを集中的に改善すれば、改善した分だけ全体のスピードも向上する

メイド・イン・ジャパンは粗悪品だった？
QC運動／TQC／TQM／シックスシグマ／ISO9000

　冷凍たこ焼きの一部は、海外にも出荷しています。現在では、日本製の食品というと「おいしいだけでなく、品質もよくて安心だ」という評価を世界中からもらっていますが、じつは第二次世界大戦後しばらくは、日本製の商品は「粗悪品の代名詞」だったそうです。

　しかし、もともと勤勉な日本人は、各工場の現場で「QC（Quality Control:「品質改善」の略）運動」というものを起こし、現場のメンバーが自主的に品質を改善していく取り組みをおこなうようになりました。

　ほどなく、QC運動は社会的にも普及し、今度は多くの会社で全社レベルでQC運動が実施されるようになりました。これを「TQC（Total Quality Control）」と呼びます。

　TQCは「全社レベル」とはいえ、生産に関係する部門が中心でしたが、さらに「経営も含めて品質改善していこう」という取り組みに進化しました。これを「TQM（Total Quality Management)」といいます。

　このように品質改善を進めた結果、1980年代には「日本製品の品質の高さ」は世界中に知れ渡り、「ジャパン・アズ・ナンバーワン」とまで言われるようになったのです。

そうなると、欧米も負けていられません。アメリカでは日本の品質改善運動に対抗して「シックスシグマ」という運動ができました。シックスシグマとは「100万分の3.4」という意味で、「それぐらい非常に少ない割合に不良の発生を抑える」という意味です。

このように、品質改善の動きは日本から世界に広がりましたが、現在ではさらに進化し、

「本当にその企業の品質が優れているかどうかを、当事者だけでなく、第三者がチェックしよう」
「結果的に品質が良いだけではなく、その企業に『品質を良くするしくみ』ができているかどうかをチェックしよう」

という動きになっています。これを定めた規格が「ISO9000」です。ISOとは国際標準化機構（International Organization for Standardization）の略で、さまざまな標準的な規格や制度を作っている団体です。ISO9000は、「企業の品質管理システム（＝しくみ）を第三者が客観的に評価するための世界統一規格」です。

ほかのメーカーのブランドで商品を製造することもある
OEM

海外でも評判の冷凍たこ焼きは、あるヨーロッパの国の食品企業であるオクトパス社から、「冷凍たこ焼きをオクトパス社のブランドで売りたい」と言われました。

もし、オクトパス社のブランドで冷凍たこ焼きを販売すると、たこ焼き屋チェーン企業のブランドは広がりません。しかし、その国でオクトパス社の知名度はバツグンなので、販売量は大幅に増えることが見込まれます。

そうしたことを考慮した結果、たこ焼き屋チェーンの企業では、オクトパス社のブランドのついた冷凍たこ焼きを日本の工場で生産し、同社に卸すことになりました。

このように、提携した相手先のブランドで商品を製造することを、「OEM（Original Equipment Manufacturer）」といいます。

ストラテジ

海外事業を成功させるために
CSF（重要成功要因）

オクトパス社との提携は、たこ焼き屋チェーン企業にとって、本格的な海外展開の第一歩です。そのため、なんとしても今回の OEM 事業を成功させなければなりません。たこ焼き屋チェーン企業の開発担当者は、オクトパス社の本社に行き、同社の販売担当の役員と打ち合わせをしました。

すると、オクトパス社の役員はこう断言しました。

「今回の冷凍たこ焼きの販売が成功するかどうかは、ヨーロッパの人向けの味付けができるかどうかにかかっている」

このように、「ある事業（プロジェクト）が成功するかどうか」が決まるような重要な要因を、「CSF（Critical Success Factor：重要成功要因）」といいます。もちろん、打ち合わせが終わった後、開発者は日本へ帰り、最重要課題として「ヨーロッパの人向け味付け」の実現に取り組みました。

冷凍たこ焼きのパック内容量を200gちょうどにするには
管理図

たこ焼き屋ネットショップで販売している「冷凍たこ焼き」は、1パック200g入りです。つまり、包装ビニールの重さを除いて、内容量を200gちょうどにしないといけないわけです。

じつは、厳密に200gぴったりにするのは難しいことです。「冷凍たこ焼き」に限らず、どんな商品でも、多少の誤差はつきものだからです。

そこで、「198g〜202g（つまり、誤差±2gまで）」を許容範囲として、その範囲に収まっているか出荷前に検査します。1パックずつ検査するときに役立つのが「管理図」です。

管理図では、198gの「下方限界線」と202gの「上方限界線」の間に、各パックの重量が収まればOKとします。もちろん、「中央値」である200gにできるだけ近い値であれば、なおいいです。

仮に限界線を越えなくても、下の右側の図のように、いずれかの限界線に近いパックばかり出てきたらどうでしょうか？

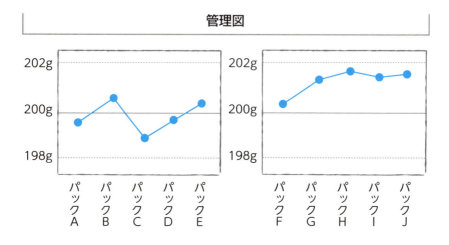

管理図

　図の場合、「パック詰めの機械が、少し多めに冷凍たこ焼きを詰めてしまう傾向」にあることがわかりますから、パック詰めの機械の秤が微妙にずれていないかを確認し、調整する必要があります。

　以上のように管理図には、実際に規格外品が出てしまう前に、全体の傾向から生産品質を維持する機能もあるのです。

> ### ほかの企業と連携すれば在庫削減や納期短縮ができる
> SCM

　工場で作られた製品は、物流部門によって、卸業者や小売業者に配送されます。たこ焼き屋チェーンでは、多くのスーパーや小売店に冷凍たこ焼きを卸します。取り扱い店舗が多くなると、それぞれの店舗から、急に注文が入ることがあります。そのときに在庫がないと売るタイミングを逃してしまうので、どうしても在庫を多く作ってしまいがちです。しかし、そういうときに限って、注文が入らなくなったりもします。

　そのようなムダを最小限にするためには、小売店やスーパーの日々の販売データを情報システム経由で閲覧させてもらうのが効果的です。各店舗の在庫量がリアルタイムでわかり「いつごろ注文が来るのか」を予測できるよう

になります。予測をもとに必要な分だけ在庫を保つことでコストダウンできますし、コストが下がればスーパーや小売店への卸値も安くできるようになるでしょう。

　以上のように、企業の壁を越えて在庫情報などを共有し、コストダウンや納期短縮などを実現することを「<u>SCM</u>（Supply Chain Management）」といいます。

SCM

・日々の販売結果　・メーカーの在庫数
・卸の在庫数など

全体で情報共有することにより、必要最低限の在庫でうまく回るようになる

↑ チェック　　↑ チェック　　↑ チェック

メーカー

卸業者

小売店

お客様

> ### 自社経営の農場を低コストで管理できる理由
> LPWA ／ドローン／ AI（人工知能）

　ここからはたこ焼きの原材料について見ていきましょう。
たこ焼き屋チェーンを経営する企業は、たこ焼きを作るために使う小麦粉やキャベツ、生鮮食料品として販売する野菜や米など、さまざまな農産物を全国各地の自社農園で生産しています。

　たとえば、ある地方では広大な面積の水田を運営しています。水田の管理は毎日こまめに水位を計測することが大切です。しかし、広大な水田にある無数の水位測定地点を、毎日人間が見て回るのはかなりタイヘン。

　そこで、たこ焼き屋チェーンを経営する企業は、水田の水位を確かめるシステムを作ることにしました。広大な水田の測定地点全箇所に水位測定するセンサを設置し、1日1回センサの情報をネットワーク経由で収集するしくみです。

　当初、センサの情報を収集するネットワークは携帯電話網を使うつもりでした。ところが、携帯電話網はどんなに安くても1契約あたり数百円〜数

千円／月。予算オーバーしてしまうため、採用を見送りました。

　その後、携帯電話網の代わりに採用を決定したのが、「LPWA（Low Power Wide Area）」です。LPWA は広域で通信できる無線通信技術の総称で「通信速度は遅いが、低消費電力で月々の通信契約料も安価」という特徴があります。

　1 日に 1 回だけ、広大な水田にある無数の測定地点で水位を計測し、その情報を本部に送信するだけですから、送信データ量も小さいですし通信速度は低速でかまいません。さらに消費電力も小さいので、電池交換せずに数年間、利用できます。

　このように LPWA は、比較的小さなデータをコストをかけずに収集するのに向く通信網なのです。

　また、別の地方にある大豆の畑では、農薬散布用に「ドローン」を使っています。ドローンとは、遠隔操作できる無人の航空機のことです。農薬散布にドローンやラジコンヘリを使うこと自体は、特にめずらしいことではありません。しかし、たこ焼き屋チェーンを経営する企業の農薬散布ドローンは「AI（人工知能）」を使い、「害虫にピンポイントで農薬を散布し、農薬の使用量を抑える」ことができます。

　このドローンは高性能カメラと画像認識の AI が搭載されています。まず、上空から大豆畑を撮影し、その画像を AI で分析することで、害虫で食われて変色した葉を特定します。そして、その葉の近くまでドローンは高度を下げ、ピンポイントで農薬を散布するのです。

AI（人工知能）の仕組みはどうなっている？
ディープラーニング／ニューラルネットワーク／機械学習／特徴量

　前項のドローンで利用されている AI は「ディープラーニング」という技術が使われています。ディープラーニングとは、人間の脳のしくみを人工的に再現した「ニューラルネットワーク」を使った AI の技術です。大量のデータ（画像など）を読み込ませることで、AI 自身が対象の特徴を見つけ出すことができます。

　たとえば、大量の猫の画像をディープラーニングの技術を使って読み込ま

せると、AIは猫の特徴を理解し、猫の画像を正しく認識できるようになるのです。

このディープラーニングは、「**機械学習**」というAI技術の手法の1つ。一般の機械学習も大量のデータを読み込ませることで、AI自身が学習していく点はディープラーニングと同じです。

それでは、ディープラーニングと機械学習の違いはどこにあるのでしょうか？

最大の違いは「人間の指示がいるかどうか」という点です。たとえば、猫の画像を大量に読み込ませる場合、一般の機械学習では、「（猫の特徴である）耳やヒゲの部分に注目しなさい」と人間が指示をすることで、猫の画像を認識できるように学習します。

この注目する部分を「**特徴量**」といいますが、ディープラーニングの場合は上記のような特徴量に対する指示は不要です。大量の猫の画像を読み込ませるだけで、AI自身が猫の特徴に気づき、猫の画像を認識できるようになります。

このようなことから、「ディープラーニングは機械学習の進化形」と考えてもよいでしょう。

AIがいま注目されている理由
教師あり学習／教師なし学習／強化学習／ルールベース

機械学習には、ディープラーニング以外にも、さまざまな種類があります。それが、以下の3種類です。1つずつ確認していきましょう。

教師あり学習	「正解となるデータ」を大量に与えて、それをAIが学習するタイプのもの。売上などの予測や、手書き文字の認識などが得意です。
教師なし学習	特に正解となるデータは与えられず、AIは入力されたデータの構造や特徴などを分析します。大量データを類似グループに分類すること（クラスター分析、顧客セグメンテーション分析など）が得意です。

強化学習	与えられる「報酬」が最大となるよう、AI自身が試行錯誤しながら行動や意思決定していく手法です。対局ゲームや自動運転、建築物の揺れ制御などで活用されます。

　このように、ひと口にAIと言っても、いろんなタイプがあります。そんなAI技術は、現在ブームになっていますが、なぜこんなに注目を浴びているのでしょうか？　これは以下3点が理由です。

- 最新のAI技術である機械学習やディープラーニングのおかげで、人間がすべてを教えこまなくても大量のデータを与えれば、AIが自分自身で学習できるようになったため
- コンピュータの処理能力が飛躍的に高まり、限られた時間で大量のデータを学習できるようになったため
- インターネットの隆盛により、大量の学習用データ（画像など）がかんたんに手に入るようになったため

　特に1つめの「最新のAIは自分自身で学習できるようになった」点は大きいです。というのも、昔のAIは、AIとして機能させるために「すべての判断を人間が教え込まなければならない」という現実があったからです。
　これを「ルールベース」のAIといいます。単純なゲームぐらいなら、すべてのルールを教え込むことができますが、複雑な事象を判断させようとすればするほど、教えるべきことが膨大になります。その結果、いつまで経っても使えるようにならない！　という弊害が発生していました。自動運転のような複雑な判断ができるAIが実用化できたのは「AI自身がルールを学習できるようになった」からなのです。

食品の原材料がどこで獲れたかわかれば安心
トレーサビリティ／ICタグ

　以前、外国産の牛肉やウナギを国産と偽るなど、食品の産地偽造事件が多発しました。たこ焼き屋チェーンでは、日本近海のタコを扱っていることを

消費者に証明して安心していただくために、タコの獲れた地域をたこ焼き屋店内に掲示するようにしました。

それだけではなく、タコが水揚げされた港から、どういう経路を通って、その店まで運ばれたのかがわかるように、履歴を残すしくみを導入しました。

たとえば、九州の港で水揚げされたタコは、大きなプラスチック製の箱に入れられますが、その箱にはICチップがついており、そのチップの中に「〇月×日、●●港より出荷」という情報が、港のある市場ですぐに書き込まれます。その後、トラックで関東にある冷凍倉庫に運ばれますが、そこでも「〇月△日、関東冷凍倉庫に入庫」という情報が書き込まれるのです。

このようにしておけば、いよいよ冷凍倉庫から各チェーン店に配送するときに、それぞれのタコが「いつどこで獲れたもので、いつから倉庫に入っているか」がきちんと証明できますよね。

このように、企業が食品などの原産地・出荷日・運搬ルートなどの履歴をきちんと追跡できるしくみを「トレーサビリティ」といいます。トレースとは「追跡する」という意味です。

また、トレーサビリティを実現するために情報を書き込むICチップを、「ICタグ」または「RFID（Radio Frequency IDentification「電波による個体識別」の略）」といいます。じつは、SuicaやPASMO、ICOCAなどの交通系ICカードにも、ICタグが使われています。なるほど、改札口で「ピッ！」と一瞬で情報を書き込めるわけですから、トラックで入庫するときにもかんたんにトレーサビリティが実現できるはずですね。

たこ焼き屋チェーンにはさまざまな形態がある
フランチャイズチェーン／ロジスティクス

たこ焼き屋チェーンでは、自社直営のたこ焼き店のほか、フランチャイズチェーン（FC）展開もおこなっています。

「フランチャイズチェーン」とは、独立した個人などに加盟店になってもらい、店舗の営業権やブランド、ノウハウなどを提供する代わりに、加盟店から一定のロイヤリティ（対価）を受ける形式です。コンビニなどでもよく使われる契約です。

たこ焼き屋チェーンでは、特に直営店の多い地域でFC加盟店を募集して

ストラテジ

います。というのも、毎日トラックで店舗に原材料などを配送するのですが、店舗がある程度まとまった地域にあると、効率的に配送できるからです。

　このように、効率的に物流をおこなうことを「ロジスティクス」と呼びます。ロジスティクスとは、もともとは「兵站（へいたん）＝戦争の前線に、物資を補給すること」の意味。それがビジネス用語として、企業の流通に使われるようになりました。

レジでスキャンするバーコードにはどんな情報が入っているの？
POSレジ／JANコード

　コンビニやスーパーで商品を買うと、商品のバーコードを読み取り機で「ピッ！」と一瞬で読み取るので、買い物が速くできて便利ですよね。

　バーコード読み取り機がついたレジを「POS レジ」といいます。POS レジのない店舗で大量に商品を買うと、レジの担当者が 1 つずつ確認しながら金額を打ち込んでいくので、大変時間がかかります。

　このように便利なバーコードですが、正式名称は「JAN コード」といいます。JAN コードには、標準的な 13 桁のバージョンと、短縮形の 8 桁バージョンの 2 種類があり、どちらにも以下の 4 つの情報が入っています。

- 国コード（あらかじめ決まっています）
- メーカーコード（公的機関が各メーカーに割り当てます）
- 商品コード　（各メーカーで自由に決定できます）
- チェックディジット（チェック用の数字）

　驚くかもしれませんが、じつは「価格」に関する情報は入っていないのです。価格はメーカーで決めるものではなく、お店が最終的に値引きなどを検討して決めるからです。また、JAN コードはメーカー出荷時点ですでに印刷してあるため、価格の情報を入れることはできないのです。

　では、どうやって価格がレジに表示されるのでしょうか？

　じつは、お店の裏側にあるコンピュータに、「それぞれの商品と価格を一覧にしたデータベース」が入っているのです。POS レジで JAN コードを読み取った瞬間に、ネットワーク回線を通じて、お店の裏側にある商品—価格

の一覧表から価格を読み取り、レジに表示させるわけです。

このように、ITの進展あってこそ、コンビニやスーパーのレジは便利になったのです。

電子レンジでかんたんに冷凍たこ焼きを調理できる秘密
組み込みシステム／マイクロコンピュータ／ファームウェア

コンビニやスーパーで購入した冷凍たこ焼きは、家庭の電子レンジでかんたんに調理できます。

それにしても最近の電子レンジは本当にいろいろな料理を作ることができますよね。これは、電子レンジの中に、さまざまな料理を作れるように設計されたプログラムが組み込まれているからです。現在では、電子レンジをはじめとする家電のほか、工場などで動く産業用機械の多くにも、製造時からプログラムが組み込まれています。このようなプログラムが組み込まれた機器を「**組み込みシステム**」といいます。

組み込みシステムでは、システム全部の機能を1つの半導体チップに集約させたものが多くあります。これを「**マイクロコンピュータ**」と呼びます。

さて、一般のパソコンはWindowsに代表されるOSで動きます。でも、どうしてパソコンの電源を入れたら、自動的にWindowsが読み込まれて起動するのでしょうか？

じつは、最低限パソコンを動かすためのプログラムが、一般のパソコンにも内蔵されているのです。これを「**ファームウェア**」といいます。ファーム（firm）とは「固定された」という意味。「ハードウェアに内蔵されたソフトウェア」ということで、一般のハードウェアとソフトウェアの中間に位置付けられます。

ソフトウェアは購入するよりレンタルするほうが安いことも
ASP／SaaS／PaaS／IaaS

システムというものは、使うときには姿は見えませんが、じつは「情報資産」として経理部門で資産として管理されています。ただ、すべてのシステムを自社開発しているわけではありません。

たこ焼き屋チェーン店なら、独自の要素が多いネットショップのシステム

はシステム業者と協力して自社開発する必要がありますが、各部門で使っているシステムはさほど特殊なものでなくても大丈夫だったりします。

　たとえば、経理部で利用する経理ソフトは、市販のパッケージソフトでまったく問題ありません。最近では、毎月利用料を払えばインターネット経由で利用できる経理ソフトもあります。ネットの速度も高速になったので、十分レスポンスよく使えます。

　パッケージソフトは、購入するときに大きな金額を支払う必要があります。一方、毎月利用料を払う形態ならば気軽に導入できますし、定期的にバージョンアップする必要もありません。

　このように、ネット経由でソフトウェアをレンタルする方式を、「ASP (Application Service Provider)」または「SaaS (Software as a Service)」と呼びます。ASP と SaaS は厳密には違う意味もありますが、IT パスポート試験では違いを問われることはないので、セットで覚えておきましょう。

　また、これらのように、以前は手元のコンピュータで管理・利用していたようなソフトウェアやデータなどを、インターネットなどを通じてサービスを受ける形で好きなときに利用できることを「クラウドコンピューティング」といいます。「ネットの先は雲に包まれたようになっていて、細かく意識しなくても大丈夫」というイメージです。

　SaaS はクラウドコンピューティングの中でも、「用意されたソフトウェア」そのものを利用できるサービスですが、ほかにも、

「ハードウェアや OS、DB システムなどのミドルウェアまではクラウド側で用意するから、その環境で動作するソフトウェアはユーザー企業側で用意してね」
「ハードウェアと OS までは用意するから、ミドルウェアやソフトウェアなど、ユーザー企業側で好きなものを自由につかってね」

というクラウドコンピューティングの形態もあります。

　前者を「PaaS」、後者を「IaaS」といいます。SaaS → PaaS → IaaS の順にできることの自由度は広がりますが、利用者企業側でやることは多くなるのです。

「企業がサーバを持つ」といってもさまざまな形態がある
ハウジング／ホスティング／オンプレミス

たこ焼き屋チェーンのネットショップに欠かせないのが「**サーバ**」。直訳すると「奉仕する人」という意味ですが、アクセスしてきてくれたお客さんに画面データを送信するなど、利用者の要求にあわせて何かを提供するためのコンピュータのことです。

しかし、そのサーバを本社ビルの中に設置していると、時々地震が起きたり、ウイルスに感染しそうになったりと、いろいろ不都合が起こってきます。もちろん、バックアップは取っていますが、一度でもサーバが動かなくなると、お客様に迷惑をおかけしますし、信頼問題となってしまいます。

そのような問題を解決するために、プロのIT企業が運営する「データセンター」というところへサーバを丸ごと預ける方法があります。企業が自社のサーバを専門の業者に丸ごと預けてシステム運用を委託することを「**ハウジング**」といいます。

また、中〜小規模のシステムの場合、企業は自社でサーバを購入するのではなく、専門業者のサーバの一部を間借りすることがあります。これは「**ホスティング**」といいます。最近では、個人でレンタルサーバを借りて、Webサイトやブログを運営する方も多いですが、それも「ホスティング」になるのです。

なお、サーバなどのコンピュータを自社の設備で運用することを「**オンプレミス**」といいます。

以前は「コンピュータを自社の設備で運用すること」は当然で、特に呼び名などなかったのですが、現在ではクラウドコンピューティングやハウジング、ホスティングなど、さまざまなサーバ運用の形態が出てきましたので、それらと区別するために、自社運用のことを「オンプレミスという名前にしよう」ということで、最近出てきた新しい呼び方です。

さて、ここまでオンプレミスから各種クラウドコンピューティング、ハウジング、ホスティングまで、さまざまな形態が出てきましたので次の図のとおり比較表でまとめました。

ホスティングなどの比較表

	オンプレミス	ハウジング	ホスティング	Iaas	Paas	SaaS
設置場所	自社	提供業者	提供業者	提供業者	提供業者	提供業者
ネットワーク	自社	提供業者	提供業者	提供業者	提供業者	提供業者
サーバ (所有権)	自社	自社	提供業者	提供業者	提供業者	提供業者
OS	自社	自社	提供業者	提供業者 または自社	提供業者	提供業者
ミドルウェア	自社	自社	自社	自社	提供業者	提供業者
アプリ ケーション	自社	自社	自社	自社	自社	提供業者

この中で気になるのは

「ホスティングと Iaas って同じなの？」

ということだと思います。

　ざっくり言ってしまえば、これら 2 つは、提供する要素はほぼ変わらないのですが、Iaas は「仮想化」というしくみを使って、最初に契約した CPU 性能が足りなくなった場合、ユーザーさんの要求に応じてすぐに CPU 性能をアップさせるなどのサービスが優れています。一般に、ホスティングでは、そのような柔軟な対応は難しいものです。

　なお、「仮想化」の詳細については P228 を参考にしてくださいね。

> **従業員が成長して元気に働くことで、会社も成長する**
> OJT ／ Off-JT ／ e-ラーニング／アダプティブラーニング／ CDP ／ワークライフバランス／メンタルヘルス

　優秀な従業員が増えるほど、企業は成長していきます。従業員の教育・研修を担当するのが、人事部です。

　では、企業はどのように、従業員を教育しているのでしょうか？

　まず思い浮かぶのは「職場で、先輩が後輩を指導する」ことでしょう。こ

のやり方は、実務に関する知識やノウハウを実践的に教えられるため、昔からよくおこなわれています。これは「職場で教える」という意味で、「**OJT** (On The Job Training)」と呼ばれます。たこ焼き屋チェーンの場合、新入社員はお店の現場で先輩からたこ焼きの焼き方を習いますが、これがまさに OJT ですね。

ただし、OJT は職場の仕事に関連するものだけになってしまい、「ある知識体系全体を効率的に身につける」には不向きです。このような目的ならば、集合研修などに参加するほうが効率的です。このように、職場を離れる研修を「**Off-JT** (Off The Job Training)」と呼びます。たこ焼き屋チェーンのお店に配属される新人は、帳簿をつけるのに簿記を勉強しますが、これは研修センターに集まって研修を受けるので、Off-JT にあたります。

しかし、いくら体系的な学習をするためと言っても、毎回、研修センターに集合するのは大変ですよね。

そこで現在、「**e-ラーニング**」が注目を集めています。e-ラーニングとは、パソコンやモバイル端末を使い、インターネットなどを通じて、場所を選ばずに学習ができるしくみです。自宅や職場の自席で空いた時間に学習できます。

このように非常に便利な e-ラーニングですが、メリットばかりではありません。直接、対面で知識やノウハウを教えるものではないため、どうしても内容が画一的になりがちです。リアルな研修であれば、生徒がきちんと理解しているかをチェックしながら、講師は講義を続けることができます。しかし、一般的な e-ラーニングはパソコンなどを使って講義の映像やテキスト内容を流すことが中心で、生徒の理解度を考慮できません。

そこで最近は、生徒の習熟度に合わせて学習内容やレベルを調整できる e-ラーニング教材も出てきました。学習の進み具合や問題の正答率をもとにした学習理解度のデータを残し、それらを分析して、各生徒に最適な学習シナリオを作成します。このように、1人ひとりの生徒に学習内容を最適化していく考え方を「**アダプティブラーニング**」といいます。

さらに、長期的な視点で、従業員の能力開発プログラムを検討し、実行していくこともあります。これを「**CDP** (Career Development Program)」と呼びます。

このようにして企業は従業員を育てていきますが、せっかく育てた従業員が辞めてしまうのはもったいないですよね。これまで、特に女性は、結婚・出産などを機に、育児と仕事の両立が難しくて会社を辞めてしまうことが少なくありませんでした。

そこで、「仕事と生活のバランスを取って、みんなが安心して働ける環境にしようよ」という取り組みが活発化してきています。これは「ワークライフバランス」と呼ばれます。

さらに、社会が複雑化し、社内でもさまざまなことに悩む人も増えています。従業員が元気で働くためには、体だけでなく、精神面でも健康であることが大事という「メンタルヘルス」の考え方も脚光を浴びています。

ベテランや師匠が、若手に「自ら考えさせる方法」も有効
コーチング／メンタリング

たこ焼き屋チェーンを展開する企業では、退職した元社員が若手社員をサポートする制度も用意されています。

たとえば、若手社員が自らよく考え、そして目標に向かって行動をとってもらうために、元社員が若手社員の話をよく聞いたり、相手が自分で考えるような質問をしたりするといったものです。

この元社員の役割は、スポーツなどのコーチに似ている部分もありますので、このようなコミュニケーション型サポートを「コーチング」といいます。

また、「コーチング」に似た用語で「メンタリング」という用語もあります。こちらは、「メンター」と呼ばれる経験豊かな先輩が、若手の後輩などと定期的にコミュニケーションをとり、対話やアドバイスによって若手の自主的な成長を支援します。

どちらもほとんど同じ意味合いですが、コーチングが「職業上の成長中心」というニュアンスがあるのに対し、メンタリングは「職業も含めた人生全体のキャリアを対象」というニュアンスがあります。

多様な価値観のある会社が成長する
ダイバーシティ

前述のとおり、たこ焼き屋チェーンを展開する企業は、育児をする社員にも

配慮した環境も用意しています。そのほかにも、外国人や企業を退職した高齢者など、さまざまな背景を持つ多様な人材を採用することを心がけています。

このような考え方を「**ダイバーシティ**」といいます。もともとダイバーシティは、社会的に少数派の方の職業機会を広げる、という意味がありました。しかし、現在のように顧客のニーズが多様化している状況では、社員も多様化している環境のほうがさまざまな市場ニーズに柔軟に対応できることがわかってきました。そのため、さらに多くの企業がダイバーシティの考え方を取り入れるようになったのです。

従業員1人ひとりの才能を活かす会社は強い
タレントマネジメント／ HRテック

たこ焼き屋チェーンを展開する企業の経営者は、「人材の適材適所」をモットーにしています。

たしかに、営業センス溢れる社員を事務系に回すと、本人も肌に合わずに辛いかもしれませんし、会社としての見えない損失が発生するかもしれません。逆に、分析や調査が好きな社員は、営業職より新商品開発職のほうが向いているかもしれませんね。

人間の「能力・資質・才能」などのことを、英語でタレントといいますが、スキルや保有資格、経験値、本人の向き不向きなどを人事管理の項目として一元管理し、組織全体で戦略的に「適材適所」を実現する手法を「**タレントマネジメント**」といいます。

この「タレントマネジメント」は人工知能（AI）を利用すれば、短時間で効果的に適材適所の配置案を作成できそうですね。

現在、タレントマネジメント以外にも、採用・育成・評価・給与計算など、人事に関する幅広い業務において、AI・クラウド・ビッグデータなど、最新のテクノロジの活用が進んでいます。

このことを「**HRテック**」といいます。HRテックとは、HR（Human Resource ＝人的資源）とテクノロジを組みあわせた造語です。

ここまで見てきたように、企業は以下のような多くの情報を扱います。

- 売上や利益・費用に関する財務情報
- 人事・組織に関する情報
- 生産に関する情報
- 販売や顧客に関する情報

それぞれの情報をそれぞれの部門が管理するのは当然ですが、それだけでは十分ではありません。というのも、企業が正しい経営を進めるためには、「ヒト」「モノ」「カネ」「情報」といった経営資源をトータルで見ていく必要があるためです。

そのような視点で、経営者をサポートするのが経営企画部です。そして、企業の全情報を見て経営に活かす活動を「ERP（Enterprise Resource Planning）」といいます。また、企業内のさまざまな情報を一元的に管理することができるソフトを「ERP パッケージ」と呼びます。

経営企画部の担当者は ERP パッケージから得られた情報をもとに、経営者に日々報告をします。経営者はそうした情報を、経営の意思決定のための判断材料にするのです。

ERP

顧客情報

販売・
在庫管理

ERP

人事給与
管理

生産管理

財務・会計

1-03

会社のリーダーである
経営者が知っておくべきこと

ストラテジ

👉 従業員の次は経営者です。経営者は、会社のリーダー。経営者の仕事は「会社を操縦すること」。会社を操縦するためのポイントとして、以下の7つが挙げられます。

❶従業員をまとめるために、会社の方向性を示す
❷方向性に沿った作戦（戦略）を練る
❸作戦に合わせて組織を設計する
❹組織に作戦を実行させながら、うまくいかない点を修正していく
❺利益を生み出す
❻利益以外にも、さまざまな目標を達成する
❼会社をさらに成長させる

この流れにあわせて、経営者の仕事を眺めていきましょう。

「信念」「存在意義」が人をまとめるエンジンとなる
経営理念

　事業の経営者に必要なのは、従業員や多くのお客様に応援してもらうこと。ただ、「お金儲けがしたい」とばかり考えている経営者を応援したいとは思いませんよね。従業員も、尊敬できる人の下で働きたいはずです。

　人をまとめ、企業が成長するエンジンとして、経営者の信念や企業の存在意義（その企業は、社会のために何をしようとしているのか）が必要です。それを「**経営理念**」と呼びます。たとえば、「お客様においしいものを食べてもらい、より多くのお客様の笑顔を増やしたい」といったものが挙げられます。

戦略とは「戦いを略す」こと

　経営者は、経営理念をベースに経営戦略を立てます。では、「戦略」とは具体的にどのようなものだと思いますか？

　言葉は難しそうですが、本質はかんたん。

「いかに戦わずに目的を達成するか」
「いかにラクして勝つか」

ということです。

　たとえば、たこ焼き屋チェーンが新規店舗の出店を考えているとします。すでにライバル店がチェーン展開している場所は激しい競争となり、どんなにがんばって経営しても売上はそんなに上がらないかもしれません。一方で、まだたこ焼き屋チェーンが1つもない地域に出店したら、そんなにがんばらなくても、売上が上がる可能性がありますよね。

　戦略には、「最初の目のつけどころがいいと、あとあとラクになる」という性質もあるのです。

自社の強みを、世の中の追い風にぶつける
SWOT分析

　あるたこ焼き屋チェーンの経営者が、創業したときのお話です。

　彼は起業したいと思っていましたが、特にこれといった技術があるわけでも、資金が豊富にあるわけでもなく、最初は「どんな仕事をしようか」と迷っていました。

　ですが、よく考えると、自分の田舎は港町であり、自分には知り合いの漁師から安く海産物が手に入るという「強み」がある、と気づきました。そして、ちょうどそのころ、世の中ではお好み焼き屋・たい焼き屋など、焼き物のチェーン店が人気を博していました。そこで経営者は、自分の強みを世の中の流れ（チャンス＝機会）とうまく連携させて、たこ焼き屋を興すことを決めたのです。

このように、自社の強みと弱みを分析し（内部分析）、また、世の中の機会と脅威も分析し（外部分析）、その結果「自社の強みを、世の中の機会にぶつける」経営戦略を発見する方法を「SWOT分析」といいます。

ストラテジ

	プラス面	マイナス面
内部環境	強み (Strength)	弱み (Weakness)
外部環境	機会 (Opportunity)	脅威 (Threat)

それぞれの頭文字を取って SWOT 分析と呼びます

ライバル企業にラクして勝つためには
3C分析

SWOT分析以外にも、経営戦略を発見する方法はあります。

すでにライバル企業が存在する場合、できるだけラクして勝つ戦略を立てるためにはどうすればいいでしょうか？

まず、ターゲットであるお客様のことを徹底的に調べることが必要です。ライバル以上にお客様を知り、ライバルよりお客様に好まれる味つけのたこ焼きを提供できれば有利ですよね。

続いて、ライバルを徹底的に研究します。ライバルの弱い部分などを見つけて、そこを攻める戦略ができれば、なおいいです。

さらにSWOT分析と同様、自社の強みも分析する必要があります。

以上のように、シンプルにお客様（Customer）・競合他社（Competitor）・自社（Company）の3つを徹底的に分析するだけでも、有効な戦略が見えてきます。このような分析手法を、それぞれの文字がいずれもCであることから、「3C分析」と呼びます。

「儲けるしくみ」を、どうやって考える？
ビジネスモデルキャンバス／デザイン思考

SWOT分析や3C分析で詳細調査を完了したら、ビジネスモデルを考えなければなりません。

ビジネスモデルとは、日本語で言えば「儲けるしくみ」。ざっくり言えば、

「だれに、どのような価値を提供すれば、儲けることができるのか」

ということです。

このビジネスモデルを、直感的に検討できるのが、「ビジネスモデルキャンバス」というツールです。

ビジネスモデルキャンバス

ビジネスモデルキャンバスは、図のように1枚の紙を9つのエリアに区切って、儲けるしくみの各要素を検討します。要素は、次のとおりです。

❶ CS ➡ 顧客はだれか
❷ CR ➡ 顧客とどのような関係を築くべきか
❸ CH ➡ 販売経路はどうするか
❹ VP ➡ 顧客にどのような価値を提供するか
❺ KA ➡ 価値提供のために、実施すべき活動内容は何か
❻ KR ➡ どのような資源（ヒト、モノ、カネ、情報）を使うか
❼ KP ➡ 一緒に価値を提供する協力者はだれか
❽ CS ➡ 価値提供のために、どのようなコストが発生するか
❾ RS ➡ 価値提供の結果、どのような儲け（売上・利益）が生まれるか

　この9つの要素を埋めていくだけで「儲けるしくみ」の全体像が完成します。

　たこ焼き屋チェーンを展開する企業は、経営会議でビジネスモデルキャンバスを使いながら、新事業の構築を検討しています。

　その際、たこ焼き屋チェーンの企業幹部は、デザイナーのような創造的な観点から問題を考える思考法を実践しています。具体的には、ユーザーが本当に求めているものは何かを追求したり、できるだけ常識にとらわれないように仮説を立て検証したりすることを重視しています。

　このような思考法を、「**デザイン思考**」といいます。

> **新しい製品の考え方**
> プロダクトライフサイクル／ PPM

　少し前までは、パソコンや薄型テレビが大人気で売れ続けていました。しかし、いつまでも同じ製品が売れ続けることはありません。必要とするところにひととおり行きわたると、売上の成長は止まります。現在では、スマートフォンが大きく売上を成長させていますが、近い将来、成長が止まる時期が来るはずです。

　このように、製品にも、「その製品が誕生して、市場で成長して、あるとき、成長が止まり、いつか後継商品の前に姿を消す」という人間の一生に似たサイクルがあります。これを「**プロダクトライフサイクル**」と呼びます。

プロダクトライフサイクル

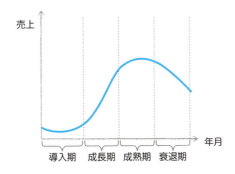

「ある商品がいつか市場から消えてしまう」のは世の定めですが、企業は売れ筋の商品がなくなったら、新しい商品を育てていかなければなりません。たこ焼き屋チェーンなら、新しく出店し続けても、いつか市場が飽和しますし、いつ消費者から飽きられるかわかりませんよね。そのために、新たな成長事業を探す必要があるわけです。

このようなときに利用するのが「PPM（プロダクト・ポートフォリオ・マネジメント）」。PPMでは、商品を次のように位置付け、自社のそれぞれの商品が図の中のどこに位置するか分析し、投資の配分を判断するのです。

● 現在の売れ筋　➡　カネのなる木
● 市場が成長中であり、将来の売れ筋にしたい商品　➡　花形
● 市場は成長中だが、当社のシェアはまだ高くない商品　➡　問題児
● 市場の成長も鈍く、当社のシェアも低い商品　➡　負け犬

PPM

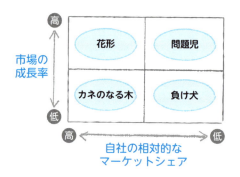

技術開発にも、どこに集中すべきか意思決定が必要
技術ポートフォリオ

「もっとふんわり焼ける小麦粉の品種を作れないものか？」
「さらにおいしいたこ焼き専用ソースを開発できないものか？」

激しい競争にさらされている企業にとって、継続的に新しい技術を開発す

ることは不可欠です。

　前項のPPM（プロダクト・ポートフォリオ・マネジメント）は、「どんな事業に対し、どのように経営資源を投入していくか」という方法論でした。企業が開発する技術も同じです。「あれもやりたい」「これもやりたい」と、開発したい技術は山ほどあるでしょうが、研究予算も研究する人材も有限。きちんと分析して、将来の見込みのあるものに集中することが必要です。このような考え方を「**技術ポートフォリオ**」といいます。

> ## 技術の未来を予測するには人間関係が邪魔になる
> 技術予測手法／デルファイ法

　では、「将来有望な技術」は、どのように予測するのでしょうか？

　最も確率が高そうに思えるのが、複数の専門家の意見を集約することでしょう。ですが、ただ単にみんな集まって議論する手法には問題があるのです。というのも、顔が見える状態で意見を言い合うと、参加者のみなさんが

（あの先生の意見には反対できないなぁ……）
（部長の話に合わせておこう……）

など、純粋にみなさん独自で考えた予測を言いにくい状態になりがちだからです。本当につまらないことですが、それが実情です。そのため、

❶各専門家から匿名でアンケートを取る
❷そのアンケートの集計結果をつけて、再度、各専門家からアンケートを取る

という作業をくり返すことで、変な人間関係に左右されず、技術予測の結果を確度の高い方向に集約させることができます。この手法を「**デルファイ法**」といいます。名前の由来は、神託（神のお告げ）で有名な古代ギリシャの神殿があった土地から来ています。

ここまで見てきたように、たこ焼き屋チェーンを経営する企業には、日々膨大な量のデータが集まるため、従来のデータベースシステムで取り扱うことが難しくなりました。たとえば、次のようなデータがありましたね。

- 工場にある「たこ焼き自動焼き機」の各種センサからリアルタイムに得られるデータ
- 日本中に何百店舗もある、たこ焼き屋のレジから集まる POS 情報
- マーケティングのために SNS から集めるデータ量の大きい画像・動画・音声など各種データ

このように、量が膨大であったりさまざまな形式だったりという理由で、従来の定型的なデータベースでの管理が難しいデータのことを「ビッグデータ」といいます。

現在、ビッグデータに注目が集まっているのは、「コンピュータ処理能力の向上」「ネットワークの高速化・大容量化」「ハードディスクの大容量化」などにより、ビッグデータを分析できるようになったからです。そのため、たこ焼き屋チェーンの企業では、

「SNS の口コミを、どのように分析したら、新製品開発に役立つヒントが得られるか」
「たこ焼き自動焼き機の不具合の兆候を見つけるためには、どのようなデータを分析すればよいか」

などの研究を、開発部門で実施しています。

この研究のように、データ分析に関する学問分野のことを「データサイエンス」、データ分析を専門にする技術者を「データサイエンティスト」といいます。

　では、たこ焼き屋チェーンの企業に勤務するデータサイエンティストは、どのように分析しているのでしょうか？

　たとえば、店舗で売れたレジの販売情報を集計すると、以下のような意外な法則が見えてきます。

「金曜日の夜はチーズたい焼きが多く売れる」

　これをふまえて、金曜日限定でチーズたい焼きを安く売り出せば、大ヒットになりそうですよね。このように、大量のデータから、ある法則性を発見することを「**データマイニング**」といいます。「マイニング」とは発掘という意味。まさにデータという鉱山から、お宝を発掘するようなイメージでとらえてみてください。

　また、前述した「SNS の口コミ分析」では、コンピュータを使って大量の SNS 上のつぶやきを単語単位に区切り、それぞれの単語の出現頻度・相関など、さまざまな角度から分析します。このように、大量の文章（テキスト）を分析することで、価値ある情報を抽出する技術のことを「**テキストマイニング**」といいます。

　今後、ビッグデータをいかにうまく分析して活用できるかが、国家や企業が成長するための 1 つのカギになるでしょう。

ビジネスや技術に勝る企業が、陥りやすいワナがある
イノベーションのジレンマ

　たこ焼き屋チェーンを展開する企業のたこ焼きは、日本で NO.1 のシェアを占めています。そのぶん、お客様からの期待も大きく、たこ焼き屋チェーンの企業はお客様からの声を積極的に収集し、たこ焼きの味や感触をさらに改善しようと常に研究しています。

　ひと言で言えば「顧客志向」なのですが、じつは、いきすぎた顧客志向には注意が必要です。

　たとえば、テレビがまだブラウン管の時代、シェア No.1 のソニーは、「トリニトロン」という、すばらしいブラウン管の技術を持っていました。ソニーはトリニトロンの技術をさらに高めるべく注力しましたが、世の中は

液晶テレビの時代に入ってしまいました。その結果、トリニトロンの技術に こだわりすぎたソニーは液晶テレビ市場への参入が遅れてしまったのです。

このように、シェアの大きい企業が既存商品（技術）の改良にこだわりす ぎて、革新的な商品（技術）の開発に遅れをとってしまう現象を「イノベー ションのジレンマ」といいます。

> ### 「あえて特許をとらない」という戦略もある
> 特許戦略／MOT（技術経営）

たこ焼き屋チェーンの企業は、おいしいたこ焼きを作る技術に関して、い くつも特許を取っています。しかし、社内で開発した技術のすべてを特許申 請しているわけではありません。特に、「独自の味を出す技術」は特許をと らず、あえて「社外秘」として隠しています。

なぜ、あえて特許を取らないのでしょうか？

答えは、特許を申請すると、「その技術を公開しなければならない」からです。

「公開されても、特許が取れればいいんじゃない？」

と思うかもしれませんが、そもそも「特許が取れれば、その技術は独占的に 自社だけが利用できる」と国が認めてくれても、こっそりマネされてしまう かもしれません。また、特許は諸外国ではあらためて取得しなおす必要があ り、日本で特許を取っただけだと、海外の企業にマネされるおそれもあるの です。

このように、特許を取るか取らないかも、「どっちが得か」を考えて戦略 を練ります。これを「特許戦略」といいます。

さて、ここまで、技術開発に関するトピックスをいくつか見てきましたが、 いずれも、技術をきちんとマネジメントして、収益（経済価値）に結び付け る手法です。これらを使いこなし、技術を戦略的に育てていく経営のことを 「MOT（Management Of Technology の略：技術経営）」と呼びます。

組織体制のメリットとデメリットを把握して最適なものを選ぶ

　ゼロから創業したたこ焼き屋も、チェーン展開すると従業員が増えます。ある程度従業員が増えると、役割分担をして分業し、効率を高めることが必要です。

　そのために重要なのが、経営戦略に従って組織を設計することです。たとえば生産部、マーケティング部、経理部などと部門を分けた「**職能別組織**」体制にした場合、「マーケティング部が日々の販売戦略に従って生産量を細かく注文すると、生産部が反発する」など、部門間の壁ができてしまうことがあります。

　そのような壁を壊す手段の1つが「**プロジェクト組織**」。たとえば新製品を開発するときに、各部門から数名ずつ選抜してプロジェクトチームを作り、部門を超えて議論したり、仕事をいっしょに進めたりするのです。プロジェクトが終了した後も、一度打ち解けた彼らがそれぞれの部門に戻ることで、部門間の架け橋になります。

職能別組織

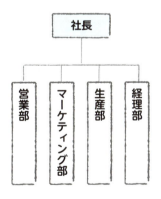

プロジェクト組織

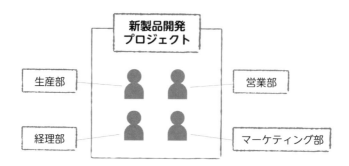

　たこ焼き屋チェーンが「将来、お好み焼き屋チェーンも展開したい」と考えた場合は、たこ焼き事業とお好み焼き事業がそれぞれ、まとまりをもって活動したほうが効率的です。そういった場合に用いられるのが「**事業部制組織**」。事業部制組織は、事業部ごとに大きな権限を与え、時に競わせることで、よい結果を狙う側面もあります。

　事業部制組織をさらに進めたものが「**カンパニー制**」。1つの企業内の事業部などを、あたかも独立した会社（カンパニー）のように責任と権限を大きく委譲して運営している組織体制のことです。

　そして、カンパニー制をさらに推し進めて、本当に別会社にしてしまったものが「**持ち株会社**」制度です。持ち株会社とは、その名のとおり、「株を持っている会社」のこと。実際に事業をする会社の株を管理し、企業グループ全体の戦略を策定するなどの役割を持つことが一般的です。

事業部制組織

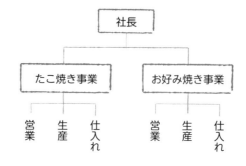

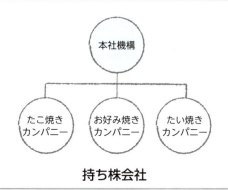

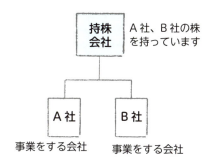

　以上のように、「事業部制　→　カンパニー制　→　持ち株会社」と、ど
んどん各事業の独立性が高まっていきます。しかし、各部門の独立性を重ん
じる形態は、それぞれの組織に仕入れ部門を設置するなど「機能（職能）の
重複」が見られ、必ずしも効率的ではない部分もあります。

　さらに各事業間で、お客様の取りあいになる可能性もあります。たとえば、
たこやき事業部の「たこやき味スナック」と、お好み焼き事業部の「お好み
焼き味スナック」は、スナック好きの消費者を奪いあうでしょう。

　このように、同じ系列の事業部（カンパニー）同士でお客様を取りあうこ
とを「カニバリゼーション」といいます。カニバリゼーションを直訳すると
「共食い」の意味。まさに「お互いのお客様を食いあう」状態ですね。

　単純に、各部門の独立性を高めればいい、というものでもなさそうです。

　そこで、「各組織の独立性」と「組織の効率的運用」を別の形から検討し

たものがあります。それが「**マトリックス組織**」と呼ばれるものです。マトリックスは「行列」という意味ですが、それが転じて「縦横につながった格子状になったもの」と覚えてください。縦軸に商品別・横軸に機能別など、網の目のように指揮命令系統が張り巡らされた組織です。情報伝達がスムーズにおこなわれる一方、1人ひとりの部下からみれば、上司が2人いるので、異なる指揮命令が出ると混乱することがあります。

マトリックス組織

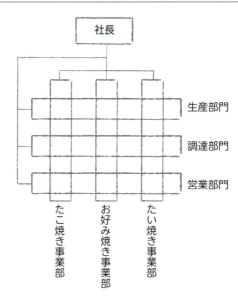

このように、各組織形態は、メリットとデメリットがあります。それぞれの経営環境に合わせて、最適なものを選択するのです。

> **よりおいしいたこ焼きを焼くためには？**
> PDCA

たこ焼き屋チェーンに新しく配属された従業員が、早くおいしいたこ焼きを焼けるようになるためには、コツがあります。

- どのようにたこ焼きを焼くか、きちんと手順を確認する
- 実行してみる
- うまくいかなかった点を反省し、次回焼くときの手順を修正する
- 修正した手順を実行してみる

　このように計画し、実行し、まずい部分があったら改め、修正した計画を再度実行するのです。このことを「PDCA」と呼びます。

　PDCA は経営の基本ですが、従業員もおこなうべき、すべての業務の基本でもあります。

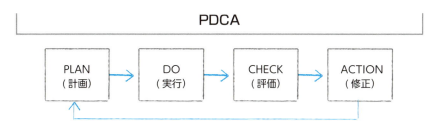

変化の激しい時代には、状況を観察して意思決定をする
OODA

　あらかじめ手順が定められた業務を改善するには、前述の PDCA がとても有効です。一方、現在では世の中の変化が激しく、先行きが見渡しにくい状況ですね。

　このような場合、

❶ 周りの状況を観察して情報収集する
❷ 「こうすれば、うまくいくのではないか？」と自分なりに仮説を立てる
❸ いくつかの仮説の中から、実行すべきものを意思決定する
❹ すばやく実行する

という流れが有効です。

　このような考え方を「OODA」といいます。OODA は、「観察（Observe）」

「仮説構築（Orient）」「意思決定（Decide）」「実行（Act）」の頭文字を取ったものです。

　PDCA と OODA はどちらが優れている、というものではありません。状況に応じて使い分けるのが正しい使い方です。

仕事も「遊び感覚」で楽しめば、ラクして成果が上がる
ゲーミフィケーション

　たこ焼き屋チェーンを展開する企業では、各部門の責任者が毎月、「その部門で一番頑張った社員」を選び、表彰する制度があります。表彰された社員は、「お祝いカード」と呼ばれるカードを責任者からもらいますが、そのお祝いカードが5枚貯まると、会社から「金一封」がもらえる制度になっています。

　この制度は、あたかもゲームの世界でポイントを集めるような面白さがあるため、社員はみな、お祝いカードをもらおうと、楽しみながらモチベーションを高く持って仕事に従事しています。

　このように、仕事やサービス、コミュニケーションなどにゲームの要素を取り入れ、参加するメンバーの集中力ややる気を高める手法を「ゲーミフィケーション」といいます。

「儲け」と「赤字」の境界線はどこにある？

　以下のような場合、たこ焼きをいくら売ったら利益が出るでしょうか？

● 屋台を1ケ月10万円で借りる
● たこ焼きを1箱500円で売る
● たこ焼き1箱を作るのにかかる材料費などは300円

　計算はかんたんです。たこ焼き1箱売ると、200円の利益が出ますから（500円−300円）、「10万円の屋台の賃貸料を払うために、何箱売ればいいか」を考えればいいのです。

10万円 ÷ 200円 = 500箱

つまり、500箱 × 500円 = 25万円分売れば、屋台の賃貸料を回収できます。

これ以上売れば黒字（利益）になるし、これ以下しか売れなければその分赤字です。この500箱のラインを「**損益分岐点**」と呼びます。

屋台の賃貸料は、たこ焼きを何個売ろうが変わらないので、「**固定費**」と呼びます。「固定的にかかる費用」という意味です（実際には、固定費には人件費なども含まれますが、ここでは単純に考えるため、屋台の賃貸料だけを対象にしています）。

一方、たこ焼きの材料費などには、小麦粉や生ダコが含まれますが、これを「売れば売るほど増えていく＝変動する」という意味で「**変動費**」と呼びます。

固定費と変動費を足すと「**総費用**」になります。意味は文字どおりですね。総費用は、次のグラフで表されます。

総費用

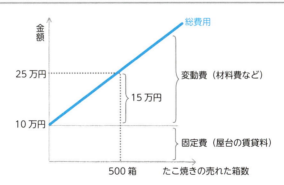

これに対し、たこ焼きの売上は、次のグラフで表されます。

たこ焼きの売上

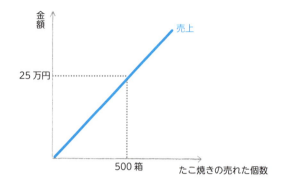

金額

25万円 ....

売上

500箱 　たこ焼きの売れた個数

　2つのグラフを重ねてみると、ちょうど25万円分売り上げたときに、売上＝総費用となっているのがわかりますね。

　くり返しになりますが、25万円分以上売れれば黒字（利益）になりますし、それ以下しか売れなければ赤字になるというわけです。

損益分岐点分析

損益分岐点分析の図

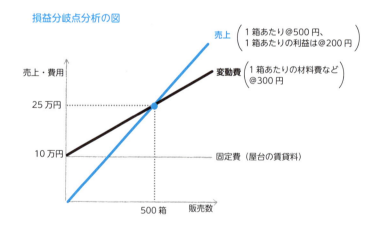

売上・費用

売上 （1箱あたり@500円、 1箱あたりの利益は@200円）

変動費（1箱あたりの材料費など @300円）

25万円 ....

10万円 ....　　　　　　　固定費（屋台の賃貸料）

500箱　販売数

会社の家計簿はチェックする項目が3つある
損益計算書

　前項で「黒字か赤字か」の計算方法はわかりました。とはいえ、商売は1回何かを売って終わり、というわけではありません。企業では毎日毎日、物を売ったり材料を仕入れたりしています。

　家庭では、家計簿を使って1ヶ月単位で黒字か赤字かを集計しますよね。一方、企業の場合は、1年間のトータルで黒字（＝利益）か赤字（損失）かを集計します。

　企業は、売上を上げるために多くの従業員が働いており、彼ら・彼女らの生活の糧となる給料も支払わなければなりません。そのため、家庭以上に、収支をきちんとチェックするのが大事になります。

　企業にとっての家計簿、それが「損益計算書」と呼ばれるものです。名前は難しそうですが、まずは、

❶ たこ焼きを売って儲けた「売上」から
❷ 小麦粉や生タコの仕入れ・従業員の給料・店舗の家賃などの「費用」を引いて
❸ 「利益（または損失）」を計算する

というもの、とざっくりとらえてみてください。

　ちょっと気をつけないといけないのが、「利益（または損失）」にも以下のようにいろいろな種類がある点です。

●競争力は「売上総利益（粗利益）」でわかる

　売上の総合計から、とりあえず製品の製造に直接かかった原価だけを引いた利益です。たこ焼き屋チェーンの企業の場合、小麦粉やタコが原価の代表ですね。

売上－売上原価

この売上総利益が少ないと、そもそも「企業として、力がないんじゃないの？」ということになります。「企業の競争力」を表す利益です。

●本業の儲けは「営業利益」に表れる

　売上総利益から、発生した費用全体を引いたものです。本社の家賃やセールスマンの給料などが費用にあたります。

売上総利益－販売費および一般管理費（略して「販管費」ともいう）

「営業」という言葉がわかりにくいですが、「本業の利益」ととらえてください。

●借金をする側か、してもらう側かの格差が「経常利益」から見えてくる

　会社の利益は、何かを作って売るだけでなく、お金を貸して、もらった利息によっても生まれます。そのような利益を「営業外収益」と呼びます。

損益計算書

売上高	4,000,000（千円）	
製造原価	2,500,000	
売上総利益	1,500,000	※営業外損益
販管費	1,450,000	＝営業外収益－営業外費用
営業利益	50,000	
営業外損益	▲60,000	※特別損益
経常利益	▲10,000	＝特別利益－特別損失
特別損益	▲30,000	
税引前純利益	▲40,000	

　逆に、会社がお金を借りたりして、その結果支払った利息を「営業外費用」と呼びます。

「営業外」という言葉がわかりにくいですが「本業以外で、ほぼ毎年定期的に計算できる」という意味です。

営業外収益から営業外費用を引いた数字を営業利益に加減したものを「**経常利益**」と呼びます。"計上"という言葉と読みが同じことから、区別するためによく「ケイツネ」と呼ばれたりします。

経常利益＝営業利益＋営業外収益－営業外費用

だいたいにおいて、プラスの資産の多い会社は経常利益が多く、借金の多い会社は経常利益が少なくなります。「リッチな会社はよりリッチに、プアな会社はよりプアに」ということですね。

さらに、経常利益から、災害による損失や、資産の売却益など、その年だけたまたま発生した利益や損失（「**特別利益**」「**特別損失**」と呼びます）を加味すると「**税引き前当期純利益**」になります。

そこから法人税を引いたものが「**(税引き後) 当期純利益**」となります。

> ### 会社が調達してきたお金と、運用しているお金は一致する
> 貸借対照表

家庭では、毎月の家計簿が黒字だと、どんどん資産が貯まります。一方、赤字が続くと、家庭の資産がなくなったり、借金が膨らんだりします。

このように、毎月の家計簿では、収支だけでなく、「その時点で財産がどれぐらいあるか」も重要です。

企業において家計簿にあたるのは損益計算書でしたが、企業の財産状況を示すのが「**貸借対照表**」です。

貸借対照表

貸借対照表は左側と右側に分かれますが、それぞれ次のような意味です。

- 左側 ➡ 会社がお金をどのように運用しているのか
- 右側 ➡ 会社がどのようにお金を調達してきたのか

　左側と右側の数字は必ず一致します。調達してきたお金＝運用しているお金、となるためです。

　表の左側は、「資産の部」と呼ばれます。企業の保有しているプラスの財産がここにすべて書かれます。

　一方の右側は「負債の部」と「純資産の部」に分かれます。負債は会社の借金、純資産は会社が事業を始めるにあたって用意した元手と毎年の利益の積み重ねの合計です。純資産のことを「自己資本」という場合もあります。

　毎年の損益計算書で利益が出れば、その分、自己資本が大きくなる（財産状況が良好な企業になる）というわけです。

> ### 手持ちの資金が足りているかどうかは要確認
> キャッシュフロー計算書

　以前、たこ焼き屋チェーンを展開する企業は、冷凍たこ焼きがブームになったときに、小麦粉などの材料をバンバン購入し、どんどん冷凍たこ焼きを作って、スーパーなどの得意先に販売しました。

　ですが、商品の売上が絶好調にも関わらず、手持ちの現金や預金が足りなくなって、従業員の給料の支払いなどが遅れそうになったことがありました。なぜなら、企業対企業の取引では、「商品を販売しても、支払ってもらうのが翌々月」ということがよくあるためです。

　そこで、手持ちのキャッシュを常に確認できる手段が必要です。それが「キャッシュフロー計算書」です。

　さて、ここまで以下の3種類の計算書類を見てきました。

- 損益計算書
- 貸借対照表
- キャッシュフロー計算書

　これらをまとめて、「**財務諸表**」と呼びます。財務諸表はほかにもあるのですが、これら 3 つが最も重要です。

> ### 会社の目標はどのように決められ、どのように評価されるのか
> バランススコアカード

　経営者の仕事は、どのように評価されるのでしょうか？

　まず思いつくのは売上や利益ですよね。これらは財務諸表に載っています。経営者の通信簿のようなものです。

　ですが、よく考えてみると、売上や利益は「過去の経営の結果」です。いくら財務諸表に書かれた数字がすばらしくても、現在まさに進行中の業務がマズくて顧客に迷惑をかけていたり、新しく入ってくる社員をきちんと教育しなかったりすると、将来会社が傾くことになりかねません。

　このような理由で、「過去の経営がうまくいったかどうか」の結果である売上・利益と、

● 現在進行中の経営がうまくいっているかどうか？
　（顧客の評価、社内業務プロセスの評価）

● 将来の経営がうまくいくかどうか？
　（従業員に対して、どれぐらい教育しているかなど）

のあわせて 3 点をチェックしようという考え方が出てきました。それらを見るツールが「**バランススコアカード**（BSC）」と呼ばれるものです。

　ご覧のように、バランススコアカードでは売上・利益の数字以外にも、さまざまな指標を確認します。これらの指標は「CSF（Critical Success Factors：重要成功要因）」または「KPI（Key Performance Indicators：重要業績評価指標）」といって、「成功するための重要な指標」という位置付けになります。

バランススコアカード

過去の経営の結果

財務の視点

＜評価指標＞

・売上高
・経常利益
・キャッシュフロー等

現在の経営がうまくいっているかどうかの指標

顧客の視点

＜評価指標＞

・リピート率
・顧客満足度
・顧客訪問数等

業務プロセスの視点

＜評価指標＞

・新製品の設計にかかる時間
・不良品率
・商品の原価率等

将来の経営がうまくいくかどうかの指標

学習と成長の視点

＜評価指標＞

・従業員満足度
・1人あたりの教育費用
・従業員提案数等

企業を大きくする4つのパターン
アンゾフの成長マトリクス

　たこ焼き屋チェーンは、創業当初は1店舗でたこ焼き屋を経営していましたが、事業がうまくいくにつれ、店舗を関東一円に広げました。最近では

ネットショップを始めて、冷凍たこ焼きをネットで全国に販売しています。

　企業が成長するパターンはほかにもいろいろありそうな気がしますが、じつは基本的な形は4パターンだけ。それが、アンゾフという人が提唱した**「成長マトリクス」**です。

　下記の図のように「製品」と「市場」という軸を取り、4象限のパターンにまとめています。

　たこ焼き屋チェーンの場合は、1店舗から関東一円に店舗を増やしたことは「新市場開拓戦略」、ネットショップで商圏を全国に広げたことも「新市場開拓戦略」といえます。

　ネットショップの運営が安定化した段階で、冷凍たこ焼き以外の食品の取り扱いを始めることは、「新製品開発戦略」に当たるわけです。

成長マトリクス

	既存製品	新規製品
既存市場	市場浸透戦略	新製品開発戦略
新規市場	新市場開拓戦略	多角化戦略

> **商品開発の「想い」をネットでアピールして資金を集める**
> クラウドファンディング

　たこ焼き屋チェーンを展開する企業の商品開発部では、新型コロナウイルスの感染防止として、自宅でたこ焼きが作れるホットプレート開発の企画を検討しました。

　しかし、社内で検討したところ、必要な売上をあげることが難しそうだということで、企画が保留になってしまいました。

　企画の保留に納得できない商品企画部の担当者は、「感染症対策のために必要な事業である」というポイントを、もっと多くの消費者に知ってもらうことができれば、きっと売上も上がるはずだ、と考えました。

そこで担当者は、インターネットを使って、より多くの消費者にプロジェクトの意義を訴え、プロジェクトの資金提供を募集することにしました。

　このように、多くの消費者にインターネット経由で資金調達を求める手法を「クラウドファンディング」といいます。

　クラウドとは「群衆」、ファンディングは「資金調達」の略であり、1人ひとりの消費者がわずかな金額から資金提供できることが特徴です。

　また、クラウドファンディングで実施されたプロジェクトが成功した場合、消費者に対して提供した金額に応じて、さまざまなリターンを用意していることが一般的です。

クラウドファンディング

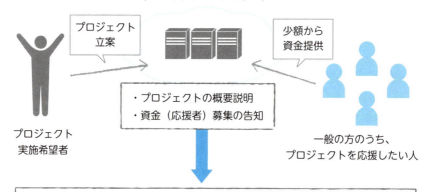

クラウドファンディングの基盤
（クラウドサービスが多い）

プロジェクト立案

少額から資金提供

・プロジェクトの概要説明
・資金（応援者）募集の告知

プロジェクト実施希望者

一般の方のうち、プロジェクトを応援したい人

・無事に目標金額が集まれば、プロジェクト開始
・目標金額に達しなければ、支援者に返金（プロジェクトは開始されず）

1-04

経営者の責任がわかれば、株式会社のしくみが見えてくる

👉 会社は利益を上げるためにさまざまな活動をおこないます。とはいえ、会社自身が活動できるわけではありません。会社の代理人、そして脳みそとして必要になるのが「経営者」です。

会社の代表選手は「株式会社」。これを理解するためのポイントは、たったの2つです。

- 株式会社は株主の持ち物である
- 株式会社にはさまざまな義務がある

前者に関連することには以下などがあります。

- 株主が出席する株主総会が一番大事な会議である
- 会社の中身はヒト・モノ・カネ・情報である
- 株主への報告が重要である
- 株主から株を買い取れば、企業買収である

後者に関連することには以下があります。

- 会社には法令を守る義務がある
- 会社には社会的な責任がある

この2つのポイントを意識して本節を読み進めれば、株式会社のことや、経営者が会社の代理人としておこなう仕事がかんたんにイメージできるでしょう。

出資を元手にビジネスをするのが「株式会社」

　もともとは自己資金で始めた事業でも、経営が軌道に乗り、チェーンの店舗を2つ3つと増やす際には、自分の持っている資金だけでは足りません。出資者を募ったり、銀行に借入を申し込んだりする必要があります。

　出資を元手にしてビジネスをする会社のことを「**株式会社**」と呼びます。そもそも、「出資」は株主が以下の2つの目的でおこなうものです。

- 出資した会社が儲けた結果、配当をもらうため
- 出資した会社の株の価格が高くなって、出資した金額より高い価格で売り払うため

　法律上、株主からの出資を返済する義務はありません。たとえ事業が失敗したとしても、出資したお金は戻ってきません。その分、会社にお金を出資している株主は、会社の中で一番地位が上。お金だけ出して、経営を社長に任せているようなものなのです。

　ただ、会社を任せているとはいえ、まったく報告や確認がなくていいわけではありません。そこで、年に一度「**株主総会**」をおこないます。株式会社にとって、株主総会は、最も重要な会議（最高意思決定機関）といえます。

　株主は経営を社長に任せているので、株主総会では「経営戦略の執行」については決議しません。その代わり、社長を始めとした役員の選任・退任などについて決議します。このように、株主はオーナーで、社長は経営をする形を「所有と経営の分離」と呼びます。

　ちなみに、出資と違い、たとえ事業に失敗しても返済する必要があるのが、銀行からの「**借入**」です。

経営者は4つの資源を株主から預かっている
経営資源

　地球上では、海や山から採れる食料のほか、石油や石炭、金属など、さまざまな資源が取れます。空気や水だって資源ですし、地球を構成するものは

すべて「資源」です。

　じつは企業にも、「**経営資源**」という考え方があります。文字どおり「企業を経営するために必要な資源」という意味ですが、言い方を変えれば、「経営者が株主から預かっているもの」です。具体的には、以下の4つが挙げられます。

- ●ヒト（従業員）
- ●モノ（設備や原材料、商品）
- ●カネ（現金や預貯金）
- ●情報（稼ぐのに必要な情報やさまざまなノウハウ）

> ### 企業の関係者に情報を公開することが必要
> ステークホルダー／ディスクロージャー

　残念ながら、すべての企業が成功を収めることはありません。うまくいかない会社は、やがて潰れてしまうことになります。それは仕方のないことですが、企業が潰れると、出資している株主だけではなく、お金を貸している銀行などの債権者、材料の提供や販売に協力してくれている取引先、そして従業員も困ってしまいますよね。

　そういった企業の浮き沈みに深く関係する方々のことを「**ステークホルダー（利害関係者）**」といいます。

ステークホルダー

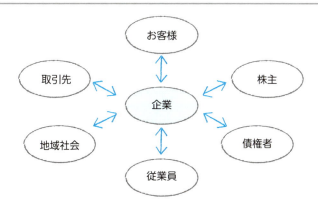

経営者は、企業の経営成績や売上・利益などの情報を提供することで、無用な心配をできる限り減らすようにしなければなりません。そのような情報を開示することを「ディスクロージャー」といいます。

　もし、1箱だけたこ焼きを作るとしたら、材料のタコを小さな切り身で購入しないと、あまりが出てしまって不経済ですよね。逆に、千箱や万の単位で大量生産すると、材料のタコも大量に仕入れますから、割引して購入しやすくなります。つまり、たこ焼き1箱あたりの材料費は安くなります。

　このように、同じ商品を作るのなら、大量に生産するほうがコストを下げることができます。このことを、「大規模に生産したほうが経済的」という意味で「規模の経済」といいます。

規模の経済

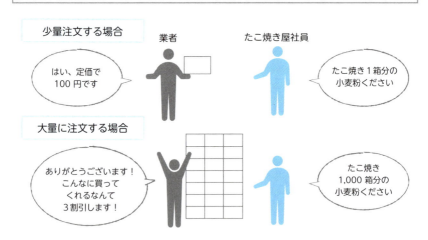

　規模の経済を実現する手法の1つが、「**企業買収**（M&A：Mergers and Acquisitions、「合併と買収」の略）」です。たとえば、業界No.1のたこ焼き屋チェーンが、規模の小さいたこ焼き屋を手に入れると、さらに大量生産できるようになるので、「たこ焼き1箱あたりのコストがさらに下がる」という計算が成り立つのです。

企業買収とは、かんたんに言えば、ある企業が、別の企業の株式の過半数を手に入れること。つまり、買収した企業は、買収された企業の大株主になります。買収された企業の経営者は、買収した企業の管理下に置かれます。

M & A は、どのようにおこなわれるのでしょうか？

基本的には、買収する企業が、買収される側の企業の株主に「買収される側の企業の株を売ってくれ」と働きかけます。

この際によく使われる手法が「TOB（Take Over Bid または Tender Offer Bid：公開株式買付け）」。買収する企業が、株式市場外、つまり直接、多くの株主に「株を売ってほしい」と働きかけるのです。

買収される側の企業の経営者からすれば、経営権を奪われることになるので、場合によっては「乗っ取られる」ように見えるでしょう。そのため、買収される側の企業の経営者は株主に「TOB に応じないでくれ」と訴えるなど、買収する側とされる側の経営者同士で争いになります。

基本的に、買収したい企業が、買収される側の企業の株式の5割を超える数を保有できれば、経営を思いどおりにコントロールできます。

M & A の中には、大手のメーカー（製造業）が、より顧客に近い卸売業や小売業の会社を買収するケースもあります。一般に、メーカー⇒卸⇒小売⇒顧客という流れを川に見立てて、メーカーを「川上」、小売りを「川下」と呼ぶことがあります。

垂直統合

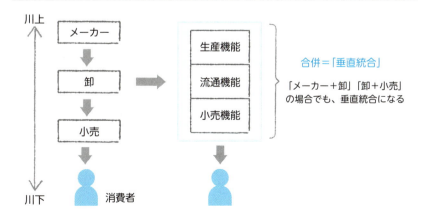

そこから派生して、ある製品における川上の企業と川下の企業が合併することを「**垂直統合**」と呼びます。

「上場」のしくみ
株式公開／有価証券報告書

前項で「株式市場」という言葉が出てきました。正確には「証券取引所」というところで多くの会社の株が売買されていることをいいます。株が売買されるには証券取引所に登録されている必要がありますが、証券取引所に登録している会社は一体何社ぐらいあると思いますか？

答えは約 3,655 社です。一方、日本国内に会社は約 386 万社（個人事業を含む）です。なんと証券取引所に登録されている会社は全体の 0.1％にも満たないのですね。

あなたがよく知っている、全国的にも有名な大手企業の多くは証券取引所に登録しています。このことを「**上場**」といいますが、なぜ、大手企業ばかり上場をするのでしょうか？

じつは、上場するには

「ある程度以上の売上や利益がある」
「会社の業務がきちんと管理されている」

などの条件を満たす必要があります。日本国内にある会社の多くは中小企業ですから、上場したくてもできないのです。

それでは、上場した大企業にはどんなメリットがあるのでしょうか？　上場できる条件を満たしても、「上場するメリット」がなければ、誰も上場なんてしたくないですよね。具体的なメリットとしては、

- 資金の調達がしやすい（多くの人々が自社の株を売買してくれるから）
- 企業の知名度や信頼度が上がる
- それにともない、人の採用がしやすくなる
- 創業者の株も市場で売ることができるので、創業者が株を売ってお金持ちになれる

などがあります。

ただし、残念ながらメリットだけではありません。そもそも、未上場会社であれば知名度や信頼性が今ひとつのため、株主は創業者や知人（縁故）程度に限られることがほとんどです。そのため、TOB（公開株式買い付け）を敵対企業がしようとしても、応じる株主が少ないのが現状でした。ですが、公開企業になると、不特定多数の株主が市場で株式を購入するので、TOBに応じる人も多く出てきます。つまり買収されるリスクが高くなるのです。

そのほかにも、

- 不特定多数の株主に配慮した経営をしなければならない
- 業績が悪いと、株主総会で退任させられたり、責任を追及されたりする

などのデメリットもあります。

また、株主だけでなく、上場企業は毎年、証券取引所にも財務諸表などの経営関係書類を提出しなければなりません。これを「**有価証券報告書**」といいます。

以上のように、上場するとさまざまな「縛り」が発生します。これを嫌って、大企業でもあえて上場をしていない会社も存在しています。

他社と上手に役割分担すれば強みを発揮できる
アライアンス／コアコンピタンス／アウトソーシング／ファブレス

M&Aは「複数の企業が1つになる」ということで、手続きや準備も非常に大がかりになりますし、TOBのようにトラブルや軋轢も起こります。そのため、実際には企業統合しなくても、複数の企業が連携し、お互いの強みを補い合うことがよくあります。これを「**アライアンス**（協業の意）」と呼びます。企業の経営者も、統合よりもアライアンスのほうが、よほど気がラクです。

たとえば、製品の設計・開発に強い企業ならば、生産をほかの企業に任せてしまうほうが効率的です。たとえばアップルは、iPhoneやiPadの企画や開発に集中し、生産を海外のメーカーに委託しています。そのような自社の強みを「**コアコンピタンス**（中核能力）」と呼びます。

コアコンピタンスに特化した企業は、その他の業務を外部の企業に委託することになりますが、そのことを「外部（アウト）の資源（ソース）に発注する」という意味で「**アウトソーシング**」と呼びます。

　特に、モノを作るための工場を持たないことを「**ファブレス**」といいます。「ファブ＝工場、レス＝なし」と覚えましょう。

コアコンピタンス／アウトソーシング／ファブレス

① あるメーカーは、製品の「設計能力」にすぐれていました。これをコアコンピタンス（企業の中核能力）といいます。

② このメーカーは、コアコンピタンス以外の機能である「生産」と「物流」を外部の企業に委託することにしました。これをアウトソーシングといいます。

③ このメーカーのように、自社で工場（生産機能）を持たず、設計や開発に特化することをファブレスといいます。

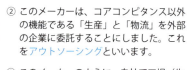

さまざまな組織がアイデアを出しあえば、革新性が高くなる
オープンイノベーション

　たこ焼き屋チェーンを経営する企業の場合は、P045で紹介した自動運転の配達車の開発で提携している大手自動車メーカーなど多くの企業と提携をしています。

　P072のピンポイントで農薬を散布するドローンに搭載した人工知能（AI）も、人工知能技術に強みを持つベンチャー企業と共同で研究開発した成果です。

　このように、さまざまな組織が連携し、知識やノウハウ・技術を出しあうことで革新的な商品やサービスを生み出す取り組みを「**オープンイノベーション**」といいます。

まったくの無名だが、優れた技術を持つベンチャー企業を発掘する方法
ハッカソン

たこ焼き屋チェーンを経営する企業と提携したベンチャー企業は、大学院でAIを専攻していた学生が1年前に起業したばかりの会社であり、非常に先進的な研究をしていました。しかし、まだ実績がないため業界内ではまったくの無名でした。それでは、たこ焼き屋チェーンの企業は、どこでベンチャー企業と知りあうことができたのでしょうか？

じつは、たこ焼き屋チェーンの企業は以前から「AI技術にくわしい新進気鋭の企業と提携したい」と考えていました。そこで、人工知能分野をテーマにした「**ハッカソン**」を開催したのです。ハッカソンとは、プログミングを表す「ハック」と、「マラソン」の2語を組みあわせた造語であり、

「エンジニアやデザイナーなどからなる複数のチームが、あるテーマのもと、マラソンのように長時間に渡って集中的に作業して、それぞれの技術や成果を競いあう技術イベント」

のことです。

たこ焼き屋チェーンの企業は、自社と共同開発できる有望なAI技術ベンチャーを見つけるべく、賞金付きで技術イベントを開催しました。そして、そのハッカソンで優勝したのが、今回提携したベンチャー企業だったのです。

ハッカソンの開催には多額の費用がかかりましたが、結果的に農薬をピンポイントで散布するドローンが開発できたので、大成功といえるでしょう。

ベンチャー企業には、乗り越える壁がたくさんある
魔の川／死の谷／ダーウィンの海／キャズム

AI技術に強みを持つベンチャー企業は、とても優秀なAI専攻の学生が興した会社です。そのため、ハッカソンですばらしい成果を残し、たこ焼き屋チェーンの企業の目に止まりましたが、それまでの道のりは決して平坦なものではありませんでした。ベンチャー企業がどんな苦難の道を歩んできたのか、見ていきましょう。

そもそも、学生社長は「AIを活用した画期的なサービス」のアイデアがあって会社を興しました。そこで、まずはAIの基礎研究からはじめたのですが、この研究をサービスにつながる開発段階になかなか進めることができなかったのです。基礎研究から開発段階へ進むことができず、単なる研究で終わってしまうことを「魔の川（デビルリバー）」といいます。

　その後、学生社長はやっとの思いで開発段階に進んだものの、今度は資金や人材が足りず正式なサービスとしてリリースできない壁にぶつかってしまいました。このように、ベンチャー企業が資源（カネやヒトなど）の不足で、商品化・サービス化できないことを「死の谷（デスバレー）」といいます。

　たとえ死の谷を乗り越えて商品・サービス化できたとしても、顧客に認識してもらい購入・売上につなげなければなりません。これもまた、ベンチャー企業にとっては高い壁で「ダーウィンの海」といいます。

　さらに、正式に発売した商品・サービスは一部の情報感度が高い層やマニア層には受けても、一般の層には受け入れてもらえず、売上が伸びないケースも多くあります。このように、情報感度が高い層やマニア層への普及と、一般層への普及の間にある大きな壁を「キャズム」といいます。

　これまで苦労してきたベンチャー企業でしたが、今回たこ焼き屋チェーンの企業と提携したことで、人材や資金面の援助を受けられることになりました。なんとか危機を乗り越え、一層、飛躍してほしいものですね。

> ## 企業が守るべき8つの法的ポイント

　企業が守るべき法律は多岐に渡りますが、おもなものは以下の8つです。

❶ PL法

　たこ焼き屋チェーンでは、たこ焼きを販売するとき、容器に「原材料で使われているもの」が記載されたシールを貼っています。最近、小麦粉や卵にアレルギーを持つ子どもが増えたことが大きな理由ですが、じつは「消費者保護」のために新しくできた法律に対応する目的もあります。

　というのも、この法律ができる前は、「メーカーが製造した製品のせいで

消費者が被害を被った場合、メーカーの過失を証明できなければ、メーカーは責任を問われない」という考え方だったのですが、新しい法律では「消費者が被害を受けた場合、メーカーは過失の有無に関わらず、責任を負う」という考え方に変わったからです。そのため、たこ焼き屋チェーンでは、より徹底的に「アレルギーのある方は、食べないように」と呼びかける必要があるのです。

この法律が「**PL法**（Product Liability：製造物責任法の略）」です。

❷ 産業財産権、著作権（知的財産権）

たこ焼き屋チェーンは、タコのイラストを使ったキャラクターで、「元祖大江戸たこ焼き」のような商品名（商標）を使い商売をしています。たこ焼き屋チェーンが繁盛すると、ライバル店がそのキャラクターや商標をマネて、あたかも系列店のようにふるまい、自社の売上を上げようとしました。

味つけやサービスで正々堂々と勝負するならともかく、人気店のキャラクターや商標をマネしてお客様をだまそうなんて、ずるいやり方ですよね。

そのような不当な商売を抑えるために、以下の権利があります。

- 商品やキャラクターのデザイン ➡ 「**意匠権**」で保護される
- 商標 ➡ 「**商標権**」で保護される

ただし、モノマネ商品を売っても、必ずしも法律違反になるとは限りません。発明を保護するのは「**特許権**」ですが、これは特許庁に出願し、審査されてはじめて発生する権利だからです。前述した「意匠権」「商標権」、そして「**実用新案権**」も、特許庁への出願が必要です。特許権・意匠権・商標権・実用新案権の4つを「**産業財産権**」と呼びます。

一方、他人のブログに書いてある文章を、そのままコピーして自分のブログに貼り付けると法律違反になることをご存知でしょうか？

文章などの「表現」によって創作されたものは、「**著作権**」で保護されます。無料で読めてだれでも見ることができるとはいえ、ブログに書いてある文章も「表現の1つ」ですから、当然保護する必要があるのです。

しかし、権利を保護するために、いちいち国や行政に申請していられませ

ストラテジ

んよね。そのため、著作権は申請や登録しなくても、個人が表現したものに、自動的に発生するのです。ここが、著作権と産業財産権の大きな違いです。

だれかが書いたプログラムも「表現の1つ」なので、著作権が発生します。ですから、他人が書いたプログラムを勝手に盗用してはいけません。ただし、単なるアイデアやプログラム言語そのものは、個人の表現ではないので、著作権の対象外となります。

産業財産権と著作権をあわせて「知的財産権」と呼びます。

知的財産一覧

❸ 不正競争防止法

たこ焼き屋チェーンの企業は、冷凍たこ焼きやソースの製造方法、スーパーへの売り込み方など、独自のノウハウを多く持っています。

これらが他社へ流出しないよう、たこ焼き屋チェーンでは情報管理に気をつけていますが、そもそもライバル会社がこのような業務上の秘密（「営業秘密」といいます）を盗むことは法律で禁止されています。その法律が「不正競争防止法」です。

不正競争防止法では、ほかにも「他社に類似したホームページアドレスを取得して、他社にとってマイナスになるような情報を発信し、他社に損害を与える」ような行為も禁止しています。

正々堂々とした企業間の競争が求められているのです。

❹ 労働関連法規・取引関連法規

あなたがたこ焼きを買うとき、お金を渡して商品を受け取りますよね。たこ焼き屋が「500円でたこ焼きを売りたい」と思い、あなたが「500円で買いたい」と思った場合、商売は成立します。

おおげさに聞こえるかもしれませんが、これは1つの「売買契約」です。原則として、契約の内容は当事者同士が自由に決められることになっています。「いくらで買おうが、いくらで売ろうが、お互いが納得していれば他人は関知しない」というわけです。

ですが、企業と労働者の雇用契約の場合は事情が異なります。大きな組織である企業に比べて、1人ひとりの労働者のほうが圧倒的に立場が弱いためです。

そのため、労働者の権利を守る法律があります。それが「**労働基準法**」です。最低賃金や労働時間、残業時間や休日出勤の上限や割増賃金の率を法律で決めて、立場の弱い労働者を守っています。

一方、会社そのもの、経営者（社長）、会社のために部下に仕事を命じる部長や課長などの管理職（管理監督者）など、労働者を使用する立場の人を「**使用者**」といいます。使用者に労働基準法の規制はかからないため、時間外の割増賃金や労働時間の上限などの定めはありません。といっても、部長や課長などの管理職（管理監督者）は労働者でもありますから、ほかの労働者と同様に守られる権利もあります。

また、使用者と労働者の関係と同じようなことが「親会社」と「下請け会社」の関係にもいえます。親会社からの仕事に大部分を依存している下請け会社は、親会社からの値下げ要求などを、なかなか強い態度で拒絶できません。親会社から見放されると、仕事がなくなるからです。

そのような立場の弱い下請け会社を守るための法律として「**下請法**」があります。

❺ 派遣契約と請負契約

たこ焼き屋チェーンをより広く展開するためには、自社の社員以外にも人

が必要になってきます。そのために採用するのが「派遣社員」です。

　たとえば人事部で働く派遣社員は、人事課長の指示に従って仕事をするのは社員と変わりませんが、お給料は派遣会社からもらう点が異なります。派遣社員、派遣会社（派遣元）、たこ焼き屋チェーンを展開する会社（派遣先会社）には、次の図のような関係があるのです。

　また、たこ焼き屋チェーンでは、お店に貼るポスターやチラシなどは自社で制作せずに、外注に出しています。最終的にどんなポスターやチラシを作りたいかは、打ち合わせで外注業者と調整しますが、外注業者のデザイナーや編集者に細かく仕事の仕方を指示することはありません。たこ焼き屋チェーンとしては、きちんと打ち合わせどおり、ポスターやチラシを作ってもらえばそれでいいからです。外注業者からみれば、「完成させる責任」はありますが、仕事の進め方は、自分たちの思いどおりにできるわけです。

　このような契約形態を「請負契約」といいます。

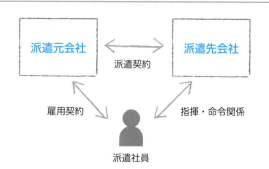

⑥ 個人情報保護法

　たこ焼き屋ネットショップは、商品を購入したお客様に配達するために、お客様の名前や住所を登録してもらっています。この時、「登録された名前や住所は、商品の配達の目的のみ利用します」と、お客様向けに表示しています。お客様としても、たこ焼き屋ネットショップに登録した個人情報が別の会社に流れたりすると気持ち悪いですから、たこ焼き屋ネットショップが個人情報の利用目的をきちんと提示してくれるのは助かりますよね。

じつは、このようなことは法律で定められています。それが「**個人情報保護法**」であり、消費者個人の権利を守るために、個人情報を取り扱う事業者の義務などが定められています。

この法律では、1件でも個人情報を取り扱う事業者はすべて「**個人情報取扱事業者**」として、この法律の内容に従うことを求めています。ただし、国の機関・地方公共団体・独立行政法人など公的な機関は個人情報取扱事業者には含まれません。おもに、民間の事業者が対象になります。

また、「**個人情報保護委員会**」という個人情報を管轄する組織があります。個人情報保護委員会は強大な力を持っており、法律に従わない事業者に立ち入り検査したり、改善勧告や命令を出したりすることもできます。消費者からしてみれば、しっかり事業者を指導してもらえると安心ですよね。

さらに、2015年の法改正により、「**要配慮個人情報**」という区分が設けられました。これは個人情報のうち、特に配慮が必要な情報のことです。具体的には「本人の人種、信条、社会的身分、病歴、犯罪の経歴、犯罪の被害歴」などが該当します。

現在はネットで情報が拡散しやすい時代ですから、このような区分が必要になったのです。具体的には「要配慮個人情報の収集には、本人の同意が必要」など、一般の個人情報より厳しい義務が事業者に課せられています。

ところで、最新IT社会の現在では、ビッグデータに含まれる大量の個人情報を分析すれば、ビジネスや政治など、さまざまな分野で有効に活用できそうですよね。しかし、個人情報保護法では、「収集した個人情報は、個人に提示した利用目的以外の用途には使わない」という義務があるので、ビッグデータと言えども、勝手に利用するわけにはいきません。

そこで登場したのが、「**匿名加工情報**」です。匿名加工情報とは、個人情報の一部を加工することで、個人を特定できない状態に変換したものです。匿名加工情報であれば、利用目的を明示しなくても利用できます。

❼ マイナンバー

また、2016年から利用開始された「**マイナンバー**」は、まだ記憶に新し

いでしょう。

　マイナンバーは国民 1 人ひとりに対応する 12 桁の番号であり、社会保障・税・災害対策の目的で利用されます。

「マイナンバー法」では、マイナンバーの取り扱いルールなどが規定されていて、ほかの個人情報と違い、たとえ本人の承諾があってもマイナンバーを目的以外で使うことは禁止されています。

　マイナンバーを含む個人情報を「特定個人情報」といいますが、これは違反時の罰則も個人情報保護法よりも厳しくなっており、それだけ大切な情報というわけです。

　なお、市町村に申請すると、身分証明やさまざまなサービスに使えるマイナンバーカードをもらうことができます。

マイナンバーカード

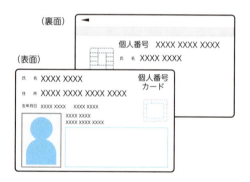

❽ セキュリティ関連法規

　たこ焼き屋ネットショップにあなたが会員登録していたとします。もし、その ID とパスワードをだれかが盗み、不正アクセスしてショッピングした場合、登録してあるあなたのクレジットカードから引き落としがされてしまうでしょう。実際に引き落とされたらまちがいなく犯罪ですが、仮に引き落とされなくても、他人の ID でアクセスしただけで犯罪なのです。

　そのような「他人の ID やパスワードを不正に利用する」などの行為はもちろん、実際に被害がなくても、利用しただけで罰せられることを定めた法

律が「**不正アクセス禁止法**」です。

また、悪用目的にウイルスを作成したり提供したりすることも違法です。このことは「**ウイルス作成罪（不正指令電磁的記録に関する罪）**」という法律で定められています。

ウイルス作成罪では、作成や提供だけでなく、取得や保管しているだけでも罪に問われますので、仮にネットでウイルスを見つけても面白半分でウイルスを扱うことはやめましょう。

今やだれでもブログやホームページで情報発信できる時代です。なかには、他人の悪口など名誉をき損するような情報を書く人も現れます。あなたがそのような被害を受けた場合、できるだけ早く削除してもらいたいでしょうし、犯人（情報発信者）を知りたいと思いますよね。

一定の条件を満たせば、インターネット接続業者（プロバイダ）が、あなたの要求に応じて情報を削除しますし、発信者の意見を聞いたうえで発信者の情報の開示もできます。そして、プロバイダはそのことに関して法的に責任を取らされることはありません。これは「**プロバイダ責任制限法**」という法律で定められています。

> ### 企業には社会的な責任がある
> CSR ／コンプライアンス／コーポレートガバナンス／社会的責任投資／ SDGs

私たちは、この国の主権者ですが、権利だけでなく「勤労の義務」や「納税の義務」を負っていますよね。これは、同じ国に住む以上、みんなで助け合わなければならないためです。

世の中に存在する企業も、「社会的な存在」として義務を負っています。具体的には「法律を守ること」という最低限のことから、「雇用を生むこと」「地域に貢献すること」という一般的なこと、「世の中の福祉や文化に貢献すること」のように高い目標までさまざまなものがありますが、それらをまとめて「**CSR**（Corporate Social Responsibility：企業の社会的責任）」といいます。

それにしても、「法律を守る」なんて最低限のことができない企業も多い

ですよね。賞味期限切れの物を出荷したり、産地を偽装したことが発覚して、マスコミや国民から責められる企業が多くあったことは記憶にも新しいでしょう。しかも、社員だけではなくて、経営者が「ズルをして儲けよう」というケースもあります。そのようなことが発覚した場合、顧客はもちろんのこと、株価が下がって、株主にも迷惑がかかります。

このようなリスクを発生させないためにも、企業や経営者は「法律を守る」ことを徹底しなければなりません。企業が法令を遵守することを「コンプライアンス」といいます。また、経営者が道を踏み外さないよう企業を守るしくみは「コーポレートガバナンス（企業統治）」といいます。

企業の社会的責任

そして、私たちが会社の株を買うなら、ちゃんとCSRを果たしている企業の株を買って応援したいですよね。このような投資のことを「社会的責任投資（SRI：Socially Responsible Investment の略）」といいます。

さらに、世界中の国や人々が連携して、さらに世界が良くなるように活動することも大切です。このような取り組みを「SDGs」といいます。SDGsとは、Sustainable Development Goals の略で、2015年に国連サミットで採択されました。「貧困をなくそう」「人や国の不平等をなくそう」など、17個の大きな目標を2030年までに解決することを目指しています。

たこ焼き屋チェーンの企業が、ディジタル企業へ変革した理由
第4次産業革命

　たこ焼き屋チェーンを経営する企業は、もともと現在の社長がはじめた屋台のたこ焼き屋が創業です。それが一代で「日本で一番、店舗数が多いたこ焼き屋」にまで成長したのですから、相当なやり手ですね。

　しかし、たこ焼き屋の社長は、焦りを感じていました。というのも、現在では多くの企業が経営にITを活用していますが、現社長はITがまったくわからなかったからです。そのため、たこ焼き屋チェーンの企業も数年前までは、本社事務職の社員でもほとんどパソコンを使わないようなIT活用の遅れた企業でした。

　しかし、最近では「**第4次産業革命**」という最新IT活用の流れにより、多くの企業が徹底的にITを活用して大きく成長しています。そこで、現社長は、

「よし、うちの会社も、最新ITを徹底活用して、生まれ変わるぞ！」

と決意し、ここまで見てきたような、さまざまな改革を実現したのです。

　その結果、たこ焼き屋チェーンの企業は古いアナログ体質から、最新のITを活用するディジタル企業へと変革できました。

　ところで、第4次産業革命とは「4回目の産業革命」という意味ですが、あなたは過去に起こった3回の産業革命がどのようなものかご存知でしょうか？　これまで起きた産業革命は、以下のとおりです。

● 第1次産業革命：18世紀末の水力・蒸気機関による機械化
● 第2次産業革命：20世紀に入ってからの電力と分業制による大量生産
● 第3次産業革命：20世紀後半に始まったコンピュータオートメーション

　第4次産業革命は、これらに続く大きな変革で、おもなトピックは「人工知能（AI）」「ビッグデータ」「IoT」です。

これらの用語について「なんだか難しそう」と感じていた方も多いのではないでしょうか。しかし、本章で説明したように、たこ焼き屋チェーンの企業の具体的な取り組みとして押さえることで、それぞれの概要やしくみを直感的にイメージできたと思います。

　第4次産業革命の関連事項は、今後ITパスポート試験で頻出の分野になりますので、ぜひ得意分野にしてくださいね。

　以上が「ストラテジ分野」の全体像です。「企業活動全体」というと漠然としたイメージがありますが、分けて見ていけば、それぞれの必要性やしくみに納得できるのではないでしょうか。

　次章は「マネジメント分野」です。システム開発や運用の流れを、ざっくりと眺めていきましょう。

プロジェクトの流れをおさえれば
「マネジメント」が
ざっくりわかる

現代社会において、企業内はもちろん、電車の運行や飛行機の管制塔などの交通関連、銀行などの金融関連、医療の現場など、あらゆる場所で情報システムは活躍しています。その情報システムをうまく作り、運用していくために必要なのが「マネジメント」です。

マネジメント分野の攻略の鍵は、ずばり「システムの企画～開発～運用に関する流れ」をおさえること。 まずは「システム開発全体の流れ」をざっくりと把握しましょう。あとは流れの中でおこなわれる個別事項なので、全体の流れが把握できていれば、覚えるのは難しくありません。

第 2 章

2-01

たこ焼き屋 ネットショップのシステム開発の 流れをおさえる

👉 「たこ焼き屋チェーンのネットショップはどのように開発・運用されてい くか？」という具体例から、システム開発の流れを見ていきましょう。以 下の2点を意識しながら見ていくと、全体像がかんたんにつかめますよ。

- 大きいこと（全社的なこと）から、細かいことへと順に決定していく （開発後は、小さい部分から順次確認していき、最後に全体を確認する）
- 「何を作るか」を決定するためには、「利用者と開発者のコミュニケー ション」が何より大事

「機能」を決めるのは2の次

まずは「どんなものを作るか」を決めないと、開発は始まりません。たこ 焼き屋ネットショップの場合、まずどんなことを決めると思いますか？

じつは、いきなり「ネットショップの機能」を決めるのではありません。 というのも、企業や経営者にとっては、「ネットショップがどんなすばらし い機能を持っているか」よりも

「当社の経営戦略にマッチしているか？」
「目標となる利益を上げてくれるのか？」

といったことのほうが大事だからです。

たとえば、非常に高機能ですばらしいネットショップを作るのに1億円 かかるとします。一方、ネットショップからの売上が毎月20万円だったら

どうでしょうか？　単純に考えて、1億円を回収するのに40年以上かかってしまいますよね。実際には、システムの保守や運営をする人員の人件費などもかかるので、永久に赤字となる可能性が大きいでしょう。企業の判断として、そのような投資をすることはありえません。

つまり、新しいシステムを開発するかどうか決める際、最初におこなうのは「経営戦略とマッチするか」を検討することなのです。

だれでもわかる言葉と流れを元に計画を立てる

システムを開発するITエンジニアの専門用語は、利用者や経営者にはわかりにくいものです。かといって、ITエンジニアと利用者や経営者が、細かいところまで意思疎通できないと、利用者や経営者の要望がきちんと伝わらずに、システム開発が失敗する可能性が高くなります。

そのため、ITエンジニアや利用者・経営者が同じ用語を使って交渉や取引ができるよう、「共通フレーム」というものが決められています。共通フレームでは、用語だけでなく、システム開発のプロセス自体も標準化されており、だれもが同じ言葉でコミュニケーションできるようになっています。

システム開発のプロセスのことを「SLCP（ソフトウェア・ライフサイクル・プロセス）」と呼び、以下のような流れになっています。

❶企画プロセス
❷要件定義プロセス
❸開発プロセス
❹運用プロセス
❺保守プロセス

企画プロセスでは、「経営上のニーズと課題にマッチした情報システムとは、どんなものか」を考え、システムのおおまかな全体像を作ります。これを「システム化構想」と呼びます。

また、品質や納期・コストなどを含め、まずはざっくりとした計画を立てることも必要です。これを「システム化計画」と呼びます。

「どのように仕事が改善されるか」は図に描くとわかりやすい
DFD／モデリング

　ネットショップを作ろうと思っても、「そもそも利用する人は、どんなことを、どのような流れでおこなうのか？」という視点で機能や業務を明確にしないと、何を作ればいいかがわかりません。

　全体の流れは以下のようになりますが、それぞれの業務はお互いに関連しているので、文字だけを見てもちょっとわかりにくいかもしれません。

❶お客様は、ネットショップにアクセスする

❷会員登録をしていないお客様は、会員登録する

❸会員登録済みのお客様は、IDとパスワードを入力する

❹ログインしたお客様は、商品と数量を選択し、カートに入れる

❺もし、お客様が在庫以上の数量を選ぼうとしたら、アラートを出し、選べないようにする

　そこで、下図のように、業務の流れを「データの流れ」として図に描くと

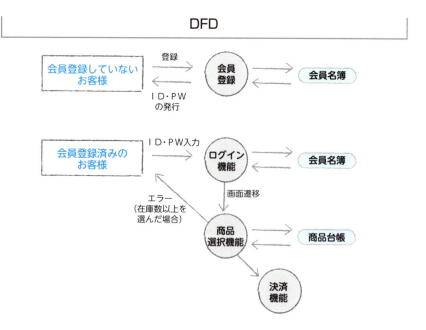

DFD

わかりやすくなります。この図を、「DFD（データ・フロー・ダイアグラム）」と呼びます。

また、DFDなどを使って業務の流れをシンプルに図解することを、「モデリング（業務モデリング／業務プロセスモデル）」と呼びます。

やりたいことは「要求」、できることは「要件」

業務の全体像と流れが見えたら、次は「どのように業務をシステム化していくのか」を考えます。これを「要件定義プロセス」と呼びます。

システムの利用者から見れば、せっかくシステムを作るからには、できるかぎりの要望を実現してほしいものですよね。当然「あれもやりたい、これもやりたい」と、さまざまな注文を付けたくなります。

それに対して、システムの開発者は、

「それは本当に必要な機能なのだろうか？」

と一生懸命考えなければなりません。なぜなら、不要な機能が増えるほど、コストも納期もかかりますし、その結果、そもそもの経営戦略にマッチしなくなる可能性があるからです。

利用者の要望を「要求」、システム開発者が「ここまでが、対応できることです」ということを「要件」といいます。

「要件定義プロセス」は、利用者と開発者がしっかり話し合い、「どこまで実現できるのか＝要件」をしっかり決める、大切なところです。

開発を外部のシステム会社に委託するときに必要なもの
RFI ／ RFP

情報システム部がある会社ならば、自社のITエンジニアがシステム開発すれば話は終わりです。しかし、必ずしもそういう会社ばかりではありません。自社に情報システム部がない会社は、外部のシステム会社（ベンダ／システムインテグレータ：System Integrator。SIerということもある）に開発を依頼しなければなりません。

開発を外部に依頼する場合に問題となるのは、依頼する側の会社（ユーザー企業）が IT のプロではないということ。そこで、まず最初に、システム開発を依頼する候補のシステム会社に、最新の技術動向などの情報提供を依頼します。このことを「RFI（Request For Information：情報提供依頼）」といいます。

　こうしてユーザ企業は基本的な情報を入手した後、いくつかの開発会社に対し、「どのようなシステムを作ればいいか、提案書を出してください」と依頼します。

　しかし、逆にシステム会社は、ユーザー企業が「情報システムを使って何をしたいのか」などはまったくわかりません。そこで、ユーザー企業は、システム会社に「RFP（Request For Proposal：提案依頼書）」という文書を渡します。RFP には、以下のようなことが書かれます。

- システム概要
- システム基本方針
- 目的
- 必要機能
- 契約事項
- 予算
　など

　一般に、RFP は複数のシステム会社に対して渡します。RFP に対して、内容はもちろん、コストや納期なども含めて最もすばらしい提案をしてきた企業にシステム開発を依頼するのです。

開発プロセスは8つに分けて考える

「開発プロセス」は、文字どおり、システム開発において中核となる部分です。いろいろなことをしなければならないため、次のようにさらに詳細なプロセスに分かれています。

❶システム要件定義

❷システム方式設計

❸ソフトウェア要件定義

❹ソフトウェア方式設計

❺ソフトウェア詳細設計

❻プログラミング

❼テスト

❽移行

　なお、❷❸を「**外部設計**」、❹を「**内部設計**」という場合があります。「外部設計」とは、「たこ焼き注文画面」や「発送伝票」など、「システム利用者（システムの外部）からも見える」という意味です。

　一方の「内部設計」は、システム開発者にしか見えない（システムの内部）という意味です。

「要件定義」はあまりにも重要なので3種類もある

　前項まで「要件定義プロセス」「開発プロセス」と見てきましたが、「要件定義」という言葉がくり返し出てきたのに気づきましたか？

　要件定義とは、「できること＝何をどこまでおこなうか」を決める作業です。情報システムには形がないので、関係者がきちんと内容を理解するのが難しい面があります。そこで、以下の流れに沿って、合計3回も要件定義をするのです。

業務全体 ➡ **システム全体** ➡ **ソフトウェアのみ**

　ここでも、「全体から部分を見ていく」という法則が通用します。

　まず「**業務要件定義**」では、「どのような業務を対象とするか」を合意します。システム的なことにこだわらず、大きな視点で

「企業において何を改善するのか？」

「どこの部門の方が、どんな権限を持って利用するのか？」

などを、大局的な見地から決めるのです。

　続く「**システム要件定義**」では、「ソフトウェアとハードウェアの役割分担」や「稼働時間」など、情報システム全体に関することを決めます。

　そして最後の「**ソフトウェア要件定義**」では、純粋にソフトウェアで実現することを定義します。

　なお、システムやソフトウェア開発そのもので実現できる要件を「**機能要件**」、それ以外の要件（ハードウェアの性能、運用時間など）を「**非機能要件**」と呼びます。

> **品質のよいネットショップって、どんなもの？**
> ソフトウェア品質特性

「品質のよいソフトウェアを作ろう！」

と号令をかけるのはかんたんですが、それはなかなか大変なことです。

　ところで、「ソフトウェアの品質がよい」とはどのような状態のことでしょうか？

　かんたんに言えば、「ソフトウェアの出来がよい」ということになるのでしょうが、これではあまりにもボンヤリした表現ですよね。

　そこで、ソフトウェアの品質においては、いくつかのポイント（特性）ごとにチェックすることで、客観的に品質の出来（良し悪し）を評価します。これらの特性を「**ソフトウェア品質特性**」といいます。

　ソフトウェア品質特性には、以下のようなものがあります。

● **機能性**

　ユーザーが求める機能がきちんと実装されているかどうか（＝仕様を満たしているかどうか）を測定します。

　たとえば、ネットショップでは、商品選択後に注文できてもキャンセルできなければ、機能性が低い、と言わざるを得ません。

●信頼性

ネットショップが故障せずに動き続けることや、誤動作なく正しく動くか
どうかを測定します。たこ焼きとたい焼きを一緒に購入したとき、合計金額
がまちがっていたら信頼できませんよね。

●使用性

使いやすいかどうかを測定します。文字が多かったり、ボタンがあちこち
にあったりしてわかりにくい画面は、使用性が劣っています。

●効率性

同じ商品を注文するのであれば、短時間で注文完了するネットショップの
ほうが効率性が高いですよね。

文字が大きく読みやすくて、1つの画面に1つのボタンしかないネット
ショップはユーザーにわかりやすいかもしれませんが、そのために多くの画
面に遷移する必要があれば、注文完了までにかかる時間は長くなるかもしれ
ません。その場合、効率性は低くなります。

> **合意した要件を実現するしくみを考える**
> 方式設計

「夏休みに沖縄旅行へ行こう！」

と目標を定めたら、予算内でできるだけ楽しめるよう、宿泊施設や航空機に
ついて、いろいろ調べますよね。このように、要件定義で決めたことをどう
すれば実現できるのかを考えるのが「方式設計」です。

開発プロセスでは、「システム要件定義」「ソフトウェア要件定義」と要件
定義が2つあるので、それにあわせて方式設計も2回おこないます。

「システム方式設計」では、「システム要件定義」で決まったことを実現す
るために、必要なハードウェア構成品目を考えたり、ソフトウェア構成品目
や、システムで対応しない手作業にする部分などを明確にしたりします。

「ソフトウェア方式設計」では、「ソフトウェア要件定義」で決まったこと
を実現するために、ソフトウェアの大まかな構造と、必要とされるソフト

ウェアコンポーネント（機能ブロック）を明確にします。

> **開発の流れは「大きい部分を決めてから、小さい部分へ」**

　たこ焼き屋ネットショップを作る場合、まず全体を以下のようなコンポーネント（部品）に分割して作っていきます。

❶注文機能
❷決済機能
❸顧客情報管理機能
❹商品情報管理機能
❺注文情報管理機能
❻出荷処理機能

　これらのコンポーネントは、それぞれがさらに細かい部品（これを「**モジュール**」と呼びます）から成り立っています。たとえば、❶注文機能は、以下のように分かれます。

　(a) ログイン機能
　(b) 新規ユーザー登録機能
　(c) 商品表示・選択機能

　このように、システム開発においては、システム全体を多くの小さい部品に分割していき、部品の最小単位をプログラムとして作成するのです。

> **ソフトウェア詳細設計では流れ図でアルゴリズムを考える**

　さぁ、次はプログラミング！
　……と焦らないでください。プログラミングして部品（プログラム）を作るのは、プラモデルを作ることと似ています。設計図のとおりに作らないと、うまく仕上がりません。

　唯一、プログラミングがプラモデルと違うのは、プラモデルは購入すれば設計図が付いてくるのに対して、プログラミングの場合は設計図も自分で作らないといけない点です。正しく動くプログラムを作るためには、プログラムの処理の流れ（「**アルゴリズム**」と呼びます）をまとめた設計図が必要なのです。

　世の中にはたくさんの処理がありますが、じつはどの処理も以下のいずれかのパターンで考えることができます。

● 順次（順番におこなう）
● 分岐（条件により行動を変える）
● くり返し

　たとえば、「たこ焼きを作る」処理は、以下のような流れになります。

❶ 容器に水を入れる　⇒　次に小麦粉を入れる（順次）
❷ 小麦粉の入った水をかき回して、小麦粉が全部溶ければ容器を次の工程に回し、まだ溶けていなかったら再度かき回す（分岐）
❸ 制限時間になるまで、たこ焼きを何度もひっくり返しながら焼く（くり返し）

　文字だけではわかりくいですが、次ページのように「**流れ図**」を用いて処理の流れを記すと、理解しやすくなります。

　このような作業をする開発プロセスを、「**ソフトウェア詳細設計**」と呼びます。

　なお、プログラミングで記述する文章（プログラム文）のことを、「**コード**」または「**プログラムコード**」と呼ぶことがあります。そこから、プログラミングのことを「**コーディング**」と呼ぶ場合もあります。セットで覚えておきましょう。

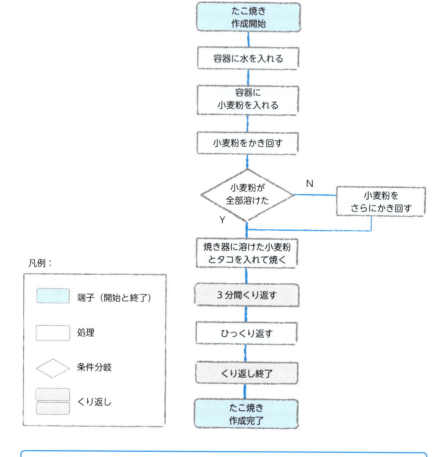

たこ焼き作成の流れ図

たこ焼き
作成開始

容器に水を入れる

容器に
小麦粉を入れる

小麦粉をかき回す

小麦粉が
全部溶けた — N → 小麦粉を
さらにかき回す

Y

焼き器に溶けた小麦粉
とタコを入れて焼く

3分間くり返す

ひっくり返す

くり返し終了

たこ焼き
作成完了

凡例：

端子（開始と終了）

処理

条件分岐

くり返し

> **プログラミングをしている時間より、修正している時間のほうが長い？**
> レビュー／デバッグ

　これでようやくプログラミングの開始です。前項の詳細設計図に従ってプログラムコードを作成するわけですが、いったん書きあがったら、「適切に書かれているか」を審査・検証する必要があります。このことを「レビュー」「コードレビュー」と呼んだりします。複数人でおこなう場合は「共同レビュー」です。

　レビューの結果見つかったプログラムの誤り（バグ）を修正することも必要ですが、なかには、「レビューではバグが発見できなかったのに、なぜか正しくプログラムが動かない……」ということも多々あります。

　そういうときは、1行1行プログラムコードを確認していくしかありません。そのように、バグを取り除く作業を「**デバッグ**」と呼びます。デバッグ作業はなかなか大変で、プログラミングの何倍も時間がかかることもあります。

システム開発とテストはV字の関係になっている

　レビューやデバッグが終わると、部品としてのプログラムが出来上がります。

　しかし、「プログラムができれば情報システムは完成」というわけではありません。食品工場で生産が終わったあとに品質検査をするように、プログラムも、完成した後は品質検査＝テストをする必要があるのです。

　そもそも「品質」とは何でしょうか？

　ひとことで言えば、「当初定めた基準から外れていないこと」です。

　たとえば冷凍たこ焼き工場なら、以下のようなことをクリアするのが「品質を確保する」ことになります。

- たこ焼きに異物が混入していないか？
- 形が崩れていないか？

　情報システムでは、要件定義や方式設計で定めたとおりに情報システムが動作するのかを念入りにチェックしていきます。

　開発の際は、全体→コンポーネント→モジュールという具合に、細かく分割してからプログラミングしました。一方、テストはこれが逆方向になります。なぜなら、一度に全体をテストしても、うまく動く可能性が非常に小さく、どこに問題があるのかわからないからです。

　まずは小さいプログラムがそれぞれきちんと当初計画どおり動くかテストし、それからモジュール、コンポーネント、全体、というように、規模を大

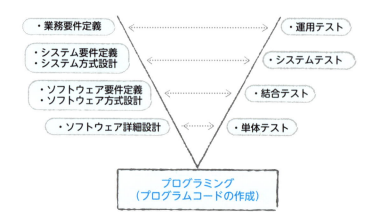

開発とテストのV字関係

- ・業務要件定義 ←·······→ ・運用テスト
- ・システム要件定義
  ・システム方式設計 ←·······→ ・システムテスト
- ・ソフトウェア要件定義
  ・ソフトウェア方式設計 ←·······→ ・結合テスト
- ・ソフトウェア詳細設計 ←·······→ ・単体テスト

プログラミング
（プログラムコードの作成）

きくしていきます。もちろん、各フェーズで不具合が見つかったら、その原因を調べて修正し、再度テストをします。

> **小さなものから大きなものへとテストしていく**
> 単体テスト／結合テスト／システムテスト／運用テスト

テストには大きく分けて4つの種類があります。

●単体テスト

テストは小さいプログラムから始めます。たとえば、ネットショップの場合、「ログイン機能」というモジュールがありました。大きいシステムならば多くのプログラマが分業して開発しますが、1つひとつのモジュールは、1人のプログラマが作成します。

そのため、「モジュール機能」のプログラムは、一番くわしい人、つまり担当したプログラマ自身がテストします。これを「単体テスト（ソフトウェアユニットテスト）」と呼びます。単体テストでは、「プログラムに書かれている処理手順が、すべて正しいかどうか」をテストします。このようなやり方を、プログラムという箱の中身をすべて白日の下にさらすようなイメージで「ホワイトボックステスト」と呼びます。

ホワイトボックステスト

モジュール

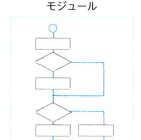

モジュールの内部構造に
着目してテストする

マネジメント

●結合テスト

続いては「注文機能」のようなコンポーネントのテストです。「注文機能」というコンポーネントは、「ログイン機能」・「新規ユーザー登録機能」・「商品表示・選択機能」という3つのモジュールからできていました。コンポーネントのテストは、複数のモジュールを結合しておこなわれるので、「**結合テスト**」と呼びます。

結合テストでは、ホワイトボックステストをしたモジュールを組み合わせるので、ホワイトボックステストはおこないません。「テストデータをインプットし、予想される結果がアウトプットされるか」という観点から、プログラムの内部構造には触れずにテストします。このことを「**ブラックボックステスト**」と呼びます。

ログイン機能であれば、以下などをテストすることになります。

● すでにユーザー登録している人が正しいIDやパスワードを入れた場合、きちんとログインできるか？
● 新規ユーザー登録がきちんとできるか？

結合テストは、開発のソフトウェア方式設計と対応するので、ソフトウェア方式設計の担当者がテストデータを作ります。

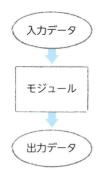

ブラックボックステスト

モジュールの内部構造には着目せず、入力データ
に対して、予想される出力データがでてくるか、
という観点でテストする

●システムテスト

それぞれのコンポーネントが正しく動くことを確認できたら、それらを組み合わせてシステム全体をテストします。これを「システム全体をテストする」という意味で「システムテスト」または「総合テスト」と呼びます。

システムテストはシステム方式設計と対応するので、システム方式設計の担当者がテストデータを作ります。

●運用テスト

システムテストでテストが終了するわけではありません。情報システムとは、「それを使って、会社の業務がきちんと回るか」が重要なので、最後に日々の運用が回るかどうかを、利用者の視点からテストする必要があるのです。これを「運用テスト」と呼びます。イメージとしては、「実際に仕事で使ってみる」という感じです。

たこ焼き屋ネットショップの場合は、以下のような人たちが、実際のデータを利用して、ネットショップの業務が問題なく進むのかを見ていきます。

- ●注文を受ける担当者
- ●工場で生産・配送する担当者
- ●お客様役の担当者

テストの完了はどうやって決めるのか

どのテストにおいても、やみくもにテストをするわけではありません。単体テスト〜システムテストでは、開発責任者が計画を立て、必要な数だけテストパターンを作ります。

では、「テストパターンの必要な数」はどのように決まるのでしょうか？

たとえば、たこ焼き屋ネットショップでは以下のルールがあるとします。

「同じ製品を 10 個以上購入した場合、1 割引きにする」

その場合、「9 個（以下）注文する」というケースと、「10 個（以上）購入する」という 2 つのケースのテストパターンが必要です。前者には割引が適用されないようにしなければなりませんし、後者には割引が適用される必要があります。このように、あり得るケースに分類しながらテストパターンを作るわけです。

一方、運用テストは利用者が主体におこないます。運用テストは「新しいシステムを使って業務がうまく回るか」を確認するので、利用者しかテストパターンを作れないからです。ネットショップの場合、本物のお客様にテストを頼むわけにはいきませんから、お客様の代わりに、お客様役の社員が運用テストの注文画面から入力します。このようにして洗い出されたテストパターンを消化した比率を「テストカバー率」と呼びます。

もちろん、単にテストをこなすだけではなく、「10 個以上同じ製品を購入しても、割引が適用されない」などの不具合（エラー）が出れば、開発者に通知して、修正してもらわなければなりません。

なお、システムのエラーは、次ページの図のように、テスト開始当初に数多く発生し、テストをこなしていくうちに少なくなっていきます。このテストの進捗と不具合の件数の関係を表した図のことを「信頼度成長曲線（ゴンペルツ曲線)」と呼びます。

信頼度成長曲線（ゴンペルツ曲線）

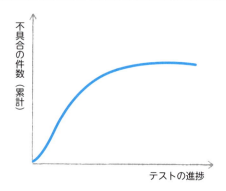

不具合の件数（累計）

テストの進捗

完成した情報システムを受け入れるための手続きとは

　テストが完了すれば、次はいよいよシステム開発業者からユーザー企業へ情報システムを引き渡すことになります。

　ただ、システムは規模が大きく、複雑になりがちです。

「ユーザー企業が期待したとおりのシステムになっているか？」
「システムの中に潜在的な障害が潜んでいないか？」

など、トラブルはつきもの。システム開発には何億、何十億円という金額がかかってしまうこともあり、何かあったときには大変なことになります。

　そこで、トラブルがあってもモメごとを最小限に抑えるために、「契約」という形で、あらかじめリスクや権利などを明文化する必要があります。

　では、システム開発の契約はどうなっているのでしょうか？

　システム開発の契約は、第1章でも学習した「請負契約」です。請負契約は、「仕事を請け負った業者が自由なやり方で仕事を進めることができる一方、請け負ったモノを完成させて納品する義務を負う」契約でした。

　システム開発業者は、たこ焼き屋チェーンを展開する企業とコミュニケーションをとりながらも、基本的に自社のやり方でシステムを開発します。また、システム開発の場合は、「完成したシステムそのもの」と「各種ドキュ

メント類（仕様書、マニュアルなど）」を、成果物として納品する義務があ
ります。システム開発において、情報システムを納品することを「**ソフト
ウェア受け入れ**」といいます。

「ソフトウェア受け入れ」では、「きちんと情報システムが動くかどうか」
を開発を依頼した企業が確認する必要があります。そのためには、システム
会社の支援を受けながら、利用者がチェック（テスト）する必要があります。
これを「**受け入れテスト**」と呼びます。実際には前述の「運用テスト」と兼
ねている場合も多かったりします。

なお、システム開発が終わっても、再びテストをすることがあります。た
とえば、情報システムの機能をバージョンアップしたときに、従来動いてい
たプログラムに悪影響がないか、バージョンアップのリリース前にテストが
必要です。これを「**回帰テスト（リグレッションテスト）**」と呼びます。

そのほか、セキュリティに問題がないか、わざと悪意のある攻撃をするテ
ストもあります。これを「**ペネトレーション（侵入）テスト**」と呼びます。

> ## 新バージョンへの入れ替えに備える
> 移行計画書

情報システムは「一度完成させれば終わり」ではありません。長期間使い
続けると、機能の強化・追加・変更など、大きな変更をする必要が出てきま
す。まったく新しい情報システムを稼働させる場合と異なり、旧システムか
ら新システムへ入れ替えるのは、以下のような点で何かと大変です。

- すでに旧システムを利用しているユーザーがいらっしゃるので、システム
  を停止する時間を最小にしなければならない
- 顧客や商品などのデータベースを入れ替える場合は、データを入れ替える
  作業に時間がかかるうえ、ミスがないよう細心の注意を払う必要がある
- システムの使い勝手が変わるのであれば、お客様や社内の担当者向けのマ
  ニュアルを準備する必要も出てくる

そのため、入れ替えるデータ一覧や作業やスケジュールを記したドキュメ
ントの作成が重要です。そのドキュメントを「**移行計画書**」と呼びます。

2-02

お客様の要望に応えつつ、スピーディーに開発するには？

前節では、システム開発の流れを確認しました。

開発するシステムはソフトウェアが中心ですが、ひと口に「ソフトウェア」といっても、規模・質・環境などはさまざまで、いろんな分類のしかたがあります。そして、ソフトウェアの分類によって、ソフトウェアの開発を管理する手法も変わってきます。

ここでは、おもなソフトウェア開発管理モデルをチェックしていきましょう。

従来型は「落ちる滝」「くるくる回る」「プラモデル」の3つ！
ウォーターフォール／スパイラル／プロトタイプ

前節の「たこ焼き屋ネットショップのシステム開発」の流れを思い出してください。

企画 ➡ 要件をまとめる ➡ 設計 ➡ プログラミング ➡ テスト ……

というように、各フェーズを順序立てて開発を進めましたね。

もっとも昔からあるソフトウェア開発管理モデルは、それぞれのフェーズを徹底的に作りこみ、後戻りの危険性を最大限減らしてから、次のフェーズに移る、というような慎重な進め方をしました。

このように、後戻りしない管理モデルを「滝の水が落ちるように（後戻りさせない）」という意味で、「**ウォーターフォールモデル**」といいます。

ウォーターフォールモデルは極力ミスを減らして信頼性の高いシステムを作るのに向いていますが、次のような欠点もあります。

❶最初にシステム全体の計画を完璧に仕上げる必要があり、途中で方向修正しづらい

❷システム開発の最終段階にならないと、ユーザーが実際にシステムを確認できない

　上記のうち、❶の欠点を補ったのが「スパイラルモデル」という管理モデルです。スパイラルとは「螺旋」の意味であり、スパイラルモデルはソフトウェアの機能ごとに PDCA を回しながら開発していく手法になります。

　また、❷の欠点を補ったのが「プロトタイピングモデル」。プロトタイピングモデルでは、早い段階からソフトウェアの試作品（プロトタイプ）を作り、ユーザーにチェックしてもらいながら進めていくことになります。

　それぞれのポイントを次のとおり覚えておきましょう。

●大規模・確実に進める「ウォーターフォール」
●くるくる回す「スパイラル」
●プラモデルみたいな試作品を作る「プロトタイピング」

　以上が、これまでよく使われていたモデルの説明です。

　しかし、最近では上記 3 モデルが重視していた「品質」「ユーザー要望」などに加え、「開発スピード」も妥協したくない、という要望が高まっています。そこで最近注目されているものが「アジャイル」になります。つづいて、アジャイルについてくわしくお話しましょう。

> **アプリの開発はスピード第一**
> アジャイル／ XP ／ペアプログラミング／テスト駆動開発／リファクタリング／スクラム／ DevOps

　現在、世の中の変化するスピードが非常に早くなっています。たこ焼き屋チェーンを展開する企業も、新しい戦略はスムーズに実行しないと世の中の流れから取り残されてしまうかもしれません。

　そこで、たこ焼き屋チェーンを展開する企業は「配達を注文するスマホアプリ」の開発をできる限り早く完成させることを目標にしました。開発をすばやく遂行するために、開発チームは開発期間を短い作業期間に区切り、そ

の単位で少しずつ小さい機能を完成させるようにします。

　このように、短い期間に開発期間を区切り段階的に開発を進めることで、システムを俊敏かつ効率的に完成させていく考え方を「アジャイルソフトウェア開発」といいます。「アジャイル」とは「俊敏な」という意味であり、「アジャイルソフトウェア開発」の考え方に基づいた具体的な開発手法には「XP（エクストリームプログラミング）」や「スクラム」があります。

● XP（エクストリームプログラミング）

　アジャイルソフトウェア開発のコンセプトが生まれるきっかけとなった開発技法です。「単純さ、コミュニケーション、フィードバック、勇気」を重視しています。

　XPでは、プラクティスと呼ばれる実践技法が紹介されています。プラクティスの例は次のようなものです。

ペア プログラミング	2人でチェックしあいながら、共同でプログラミングすること
テスト駆動開発	開発前にテスト項目一覧を作成し、そのテストのクリアを目標にしてプログラミングすること
リファクタリング	ソフトウェア内部のプログラムのみ書きかえること。ソフトウェア外部から機能を呼び出す方法は変更しない

●スクラム

　組織でコミュニケーションを取りながら開発チームを一体化させ、効率的に開発を進める手法です。「スクラム」という名称は、ラグビーのスクラムから名づけられました。

　さらに、アジャイルソフトウェア開発が有効に機能するためには、完成したアプリ（プログラム）をすみやかにリリースすることが必要です。そのためには、開発チームと運用チームの綿密な連携が求められます。

　このように、開発チームと運用チームが密に連携し、アプリの開発からリリース、運用までを継ぎ目なくおこなうための考え方やしくみのことを

「DevOps」といいます。「DevOps」とは、「Development（開発）」と
「Operations（運用）」を組みあわせた用語です。

2-03

プロジェクトマネージャーになったつもりで仕事を把握しよう

前節まででシステム開発の流れはわかりました。とはいえ、システム開発の各メンバーがその流れを理解していても、だれかが開発をリードしないと、みんなが動いてくれません。いわば「現場監督」が必要なのです。

開発を取り仕切る役割を担うのが、「プロジェクトマネージャー（プロマネ）」。システム開発は小さい案件でも数百万、大きい案件だと億単位のお金が動くため、プロジェクトを指揮するプロマネの責任は重大です。

プロマネが最も意識するべきことは、以下の2つ。

- プロジェクトの目的をしっかり決める
- 何を作るのか（何を作らないのか）をはっきりさせる（対象範囲）

この2つをしっかり理解したうえで、スケジュールやコスト、人的資源を適切に管理していくのが、プロマネの仕事なのです。

まずは「目的」を明文化する
プロジェクト憲章

巨大プロジェクトの例に、東京スカイツリーの建設工事が挙げられます。スカイツリーを建設する目的とは、どのようなものだったのでしょうか？かんたんにまとめてしまうと、以下のようなものでしょう。

❶関東圏のデジタル地上波放送を安定発信できる施設を作る
❷東京東地区を活性化し、にぎわいのあるまちにする
❸地域経済を活性化させ、プロジェクト推進企業の売上にも貢献する

「プロジェクトをスタートさせる」というと、「何を作るのか？」「いつまでに作るのか」など、具体的な話に気が向きがちですが、じつは「目的」が最も大切です。目的に意味がなければ、何かを作る意味もなくなってしまうからです。

システム開発のプロジェクトを開始するときに作られるのが「**プロジェクト憲章**」です。プロジェクト憲章には、以下のことなどを記入します。

- プロジェクトの目的や概要
- 何を作るのか（成果物）
- 概略スケジュール
- 概算コスト
- プロジェクト進行において制約になること（制約条件）

> ### 開発範囲をはっきりさせて「あたりまえ」の落とし穴を防ぐ

東京スカイツリーの建設は、とても巨大で大変なプロジェクトでした。ただ、実際の建設が始まるまでには、緻密な図面や完成模型などができており、「何を作るか」が明確になっていました。完成像がきちんとしていれば、あとは少しずつ手を動かしていくだけです。

システム開発プロジェクトにおいても、開発に入る前に「何を作るのか」が明確になっている必要があるのですが、じつはそうなっていないことが少なくありません。

たとえば、ネットショップで「注文情報を入力している最中に、お客様がいったん情報を保存して、注文を中断できる機能」があれば、便利ですよね。ですが、要件定義のときに、利用部門側が「その機能が必要である」と明確に発言してくれないことも多いのです。利用部門としては「あってあたりまえの機能」だと思っているかもしれませんが、開発担当者としては「言われなかったから、当然作らないものだと思っていた」というような行き違いが出てくるケースは非常に多くあります。

そこで、利用部門や開発者としっかりコミュニケーションを取り、「どこまでを開発範囲とするのか」をはっきりさせることが、プロジェクトマネージャーとして非常に大事な仕事になります。

複雑なシステムも、細かい仕事に分解すればわかりやすくなる
WBS

1つのシステムを開発するには、多くの作業が必要です。数十人のメンバーで、数ケ月かけないと完成しないシステムはめずらしくありません。

ただ、どんな複雑なものでも、1人ひとりが担当できるレベルに作業を細かく分類できれば、「どれぐらいの時間がかかりそうか」「どんな技術をもった人が必要か」などが明らかになり、プロジェクトが進みやすくなります。

下図のように、プロジェクトを階層的に分解していったものを「WBS (Work Breakdown Structure)」と呼びます。

ネットショップ開発プロジェクトの WBS

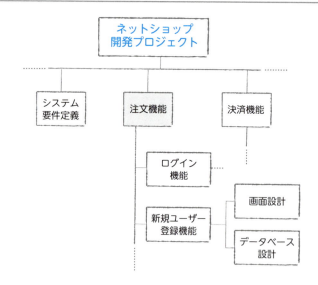

156

プロジェクトの進捗を上手に管理するには
アローダイアグラム／ガントチャート

プロジェクトを進めていく際に、ひと筋縄ではいかないケースが多くあります。たとえば、家の建築工事では、柱を作らないと屋根は作れませんし、屋根ができないと壁も作れません。ただし、壁までできてしまえば、内装と電源工事は一緒に進められますよね。

このように、さまざまな作業の順序関係を図解して、直感的に整理する「アローダイアグラム」という手法があります。

アローダイアグラム

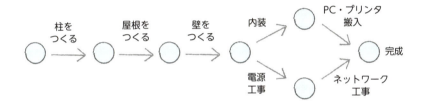

また、プロジェクトは予定どおり進むわけではありません。そこで、作業の進捗の予定と実績を比較するために「**ガントチャート**」という手法があります。アメリカのガントさんが開発しました。

ガントチャート

	第1週	第2週	第3週
柱をつくる	予定 実績		
屋根をつくる		予定 実績	
壁をつくる			予定

2-04

稼働した後に
安定して運用するには

 「ようやくシステムができた！」

　と喜んでいられるのも一瞬のこと。本格的に稼働してからが、むしろシステムの本番です。なぜなら、せっかくのシステムも、きちんと動いて利用できてはじめて価値が出るためです。想定していなかったお客様からのクレームに対応する必要も出てくるでしょう。

　情報システムが停止することなく、お客様にきちんと使っていただけるようにすることを「ITサービスの運用（管理）」といいます。英語では「ITサービスマネジメント」といったりします。

「サービス」という言葉からわかるように、システムが安定して動くように技術的なことを管理するだけでなく、お客様への対応なども含めた、広い範囲が対象となります。

　この節の最初に出てくる「ITIL」と2番目の「SLA」は、どちらもITパスポート試験全体で1、2を争う最頻出用語です。どちらも英略語のため小難しく見えますが、内容はかんたんなので、サッと読んで攻略してしまいましょう。

　3項目の「サービスデスク」以降は、すべて「お客様からのお問い合わせへの対応」に関するものです。ポイントは「お客様を満足させるために、どのような工夫をしているか」。それだけ頭に入れて読んでいけば、すっきり理解できるでしょう。

システムの安定運用の「虎の巻」!?
ITIL

　情報システムが完成すれば、日々のシステムの運用が始まりますが、これはあなたが思っている以上に大変です。たこ焼き屋ネットショップも不具合で動かなくなれば、お客様にご迷惑をおかけしますし、売上も上がらなくなるので大変ですが、世の中には、不意に停止してしまうと「もっと困ってしまう」システムが多くあります。たとえば以下のシステムは、もし不意に停止してしまうと、文字どおり「人命に関わる」ことになってしまいます。

- 病院内の生命維持装置
- 電車の運行制御システム
- 道路の信号機制御システム

　そこで大事なのが、システムを安全に運用することです。とても大事で大変な仕事ですが、じつは「心強い味方」が存在します。それは、「世界中から集めた、優秀なシステム運用の事例集」です。優秀な事例を「ベストプラクティス」と呼びますが、IT運用のベストプラクティスとして「ITIL（IT Infrastructure Library)」というものがあります。

　ITILは全部で7つのパートから成り立つノウハウ集であり、まさに「ITサービスの運用を成功させる秘伝の書」といったもの。中でも重要なものが「**サービスデリバリ**」と「**サービスサポート**」の2つのパートです。

　次項のSLAと次々項のSLMはサービスデリバリに含まれる内容、さらにその次のサービスデスク以降はサービスサポートに含まれる内容です。

「どの程度のサービスを実施するのか」は事前に合意を
SLA

　形のある「商品」に比べて、形のない「サービス」は品質がわかりにくいものです。それでも「マッサージ」や「システム開発」などのサービスは、まだ「きちんと肩のコリがほぐれたか」とか「求めていた機能がきちんと動いているか」など、わかりやすい面もあるでしょう。

一方、「システムの運用」というのは、非常に品質がわかりにくいものです。そこで、システム運用業者が「どのような運用サービスを実施するのか」を明確にし、ユーザー企業と合意を取る必要があります。これを「SLA（Service Level Agreement：サービスレベル合意書）」と呼びます。

SLA の合意を取る項目は、以下などが挙げられます。

● サービスの提供時間
（例：お客様からの電話お問い合わせは 9:00 〜 18:00）

● トラブルの際の復旧時間
（例：不慮のシステムダウンから 1 時間以内にはサービスを再開する）

● 稼働率
（例：240 時間システムが稼働して、そのうち 2.4 時間ダウンしていた場合、稼働率は 99%）

「トラブルの復旧時間」や「稼働率」などは、合意した値を下回った場合、システム運用業者にペナルティが与えられることもあります。

サービスレベル合意書（SLA）

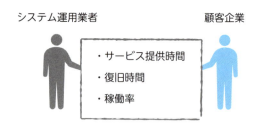

サービスの品質や水準についてあらかじめ文書にして合意すること

お客様との約束を守るために
サービスレベル管理／可用性管理

「顧客と合意した SLA を必ず守るんだ！」

そのようにシステム運営会社の管理職が叫んでも、精神論だけではうまくいきません。

そこで、PDCA を回しながらサービスレベルの維持・向上を図ることが必要です。このような一連の活動を「**サービスレベル管理**（SLM：Service Level Management）といいます。

SLM の一例として、「**可用性管理**」が挙げられます。可用性とは「使いたいときにすぐに使える特性」のことであり、具体的には、

稼働率＝実際に動いた時間　÷　本来動くことを期待されていた時間

などの数字を継続的にチェックすることで、客観的に測定します。

稼働率については、P317 に計算問題もあるので、そちらも参考にしてくださいね。

お問い合わせをたらいまわしにせず一括で受ける
サービスデスク

たこ焼き屋ネットショップとはいえ、「細かい質問をするのにメールを出すのはめんどう」というお客様もいらっしゃるため、電話相談窓口を設ける必要も出てきます。おもな相談内容は注文画面の利用法などになりますが、システムの不具合やトラブルに関するお問い合わせが入ってくることもあるでしょう。

高度な質問になると、電話窓口の相談スタッフだけで解決できないことも出てきます。しかし、「質問の内容によって、お客様に違う部署に電話をかけ直させる」ことは失礼です。そこで、いったん電話窓口のスタッフがすべての電話を受け、その場で解決できない事項はのちほど担当の部門から折り返す、などの措置を取るのです。

このように、IT サービス運用において、利用者からのお問い合わせをまとめて（ワンストップで）受ける窓口を「**サービスデスク**」と呼びます。

> ### お客様の困りごとは一刻も早く解決しよう
> インシデント管理／チャットボット

たこ焼き屋ネットショップを利用するお客様が、操作がわからなかったり、システムに障害が発生したりする場合、サービスデスクに電話をかけてくるでしょう。このように、お客様からお問い合わせを受けている事項を「**インシデント**」といいます。そして、インシデントに対応することを「**インシデント管理**」といいます。

インシデント管理に求められるのは「早期解決」。たとえばネットショップのサーバが異常終了してしまった場合、ともすれば「根本原因を追求せねば！」と考えてしまいますが、お客様の立場から見ると適切ではありません。お客様の要望は「早くネットショップの買い物を続けたい」というものだからです。応急処置を優先せざるをえないこともあるでしょう。あくまで「お客様の立場」に立ち、早期復旧することが第一に求められるのです。

サービスデスクとインシデント

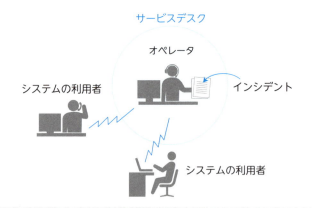

サービスデスク：システムの利用者からの問い合わせをワンストップで受ける窓口
インシデント：1件1件のお問い合わせ内容のこと

ちなみに、お客様の相談窓口では、人間だけでなく目に見えないロボットも活躍しています。

電話窓口の問い合わせが多い時間帯は、人間のスタッフの手が空いていないことがあります。そんな時、お客様から文字でやりとりするチャットでお問い合わせがあった場合、プログラムが自動的にチャットで回答してくれるのです。

このようなプログラムを、「**チャットボット**」といいます。たこ焼き屋チェーンのチャットボットは AI を組み込んでいるため、かなり高度な質問にも回答できます。もちろんチャットボットが回答できない場合は、人間のスタッフに繋がるようになっています。

わからないお問い合わせはすばやく上位者に受け渡す
エスカレーション

サービスデスクの受付は、電話でお問い合わせがあると、お問い合わせの答えをコンピュータに蓄積されたデータベースの中から見つけようとします。過去に同じようなお問い合わせがあった事項であれば解答を見つけることができますが、未知の障害など、初めてのお問い合わせ内容の場合、データベースからは解答が見つかりません。

その場合、あらかじめ決められた手順に従い、上位者や専門の技術担当者などに「お問い合わせの内容」を受け渡して、調査などの対応をしてもらうことになります。これを「**エスカレーション**」といいます。エスカレーターのように、「順次上にあげていく」といったイメージでとらえましょう。

エスカレーション

サービスデスクの
オペレータ

上位者

技術担当者

システム
の利用者

サービスデスクの窓口で対応できない
ことがあった場合、上位者や技術担当
者にインシデントの引き継ぎをする

不具合の原因は徹底的に調査する
問題管理／ファシリティマネジメント

　お客様の困りごとは、一刻も早い解決が大事ですが、2度とそのような不具合が起きないように、根本解決することも必要です。

　ネットショップの本番環境は応急処置をしておいて、テスト環境など、お客様の迷惑のかからない所で根本原因の調査や修復することを「問題管理」と呼びます。

インシデント管理と問題管理の違い

インシデント管理	問題管理
応急処置 サービスが止まったままだと利用者に迷惑をかけるので、何より復旧を優先する	**根本治療** 問題が2度と起きないよう、根本原因を徹底的につきとめ、完全に修正する

　また、「ITサービスの運用管理」というと、どうしても

「情報システムが適切に稼働するには」
「ソフトウェアが止まらないようにするには」

といったことを中心に考えてしまいがちですが、そもそもコンピュータが格納されている施設や設備などにトラブルが発生すると、ITサービスの運用に大きな支障をきたします。

　そこで、これら施設や設備をきちんと管理することが重要です。これを「ファシリティマネジメント」といいます。

　ファシリティマネジメントに大きく関係するのが、企業の「BCP (Business Continuity Plan：事業継続計画)」です。BCPとは、災害や事故などが発生しても、事業が止まらないようにあらかじめ立てておく計画のことです。たとえば、大地震などに備えて「会社の拠点を東日本と西日本に

分けておく」のも1つの有効な措置ですが、それをふまえて「会社の情報
資産も分散しておく」というのがファシリティマネジメントになります。

そのほか、ファシリティマネジメントでは、以下のような対応もあります。

● 停電などが起こり、突然電源の供給が止まっても、15〜20分ぐらいは
予備のバッテリである「UPS（無停電電源装置）」から電源供給を続け、
その間に適切にコンピュータを終了させる

● 停電が長時間続く場合、どうしても停止させられないようなシステムには
「自家発電装置」を用意しておく

● 異常高電圧・高電流の場合に備え、コンピュータ機器を守る機器である
「サージ防護」を導入しておく

● パソコンの盗難防止用に「セキュリティワイヤー」を付けておく

企業が情報システムを適切に活用しているか調査する

👉 人間の体と同じように、情報システムも「適切な状態であるか？」をチェックする必要があります。その作業を「システム監査」と呼びます。

言葉だけを聞くと何だか難しそうなイメージがあるかもしれませんが、一度意味を知ってしまえば特に怖れることはありません。

ここで出てくる用語は毎回頻出なものばかりですから、ぜひ得点源にしてしまいましょう！

利害関係のある人だと「ここが悪い」と言いにくい
システム監査

あなたがアルバイト先の社長に呼ばれたとします。そして、直接の上司である正社員の仕事ぶりについて、

「正直に教えてくれ。彼の給料の査定の参考にするから」

と聞かれたら、どうしますか？

本当のことを言いにくい場合もありますよね。社長がだれから意見を聞いたのかを明らかにするのであれば、なおさらです。

システムでも、「その企業で利用している情報システムが信頼できるか・安全であるか・有効であるか？」を調査するにあたり、システムの構築責任者や運用責任者と関係のある方ではなかなか「ここが悪い」とは言いにくいもの。そのため、「システム監査は企業から独立した第三者（組織）がおこなう」と定められています。

システム監査の流れは、次のようにシンプルです。

計画 ➡ 実施 ➡ 報告

特徴的なのは、実施（調査）を「予備調査」「本調査」と2段階に分けておこなうこと。第三者が監査するので、あらかじめ対象のシステムの資料を読み込むなど、事前の準備が必要になるのです。

本調査を実施した後は、望ましくない点を改善するように勧告します。こちらも、第三者であり直接の命令権がないので、指導する以上の権限はないのが特徴です。

まちがいが起きないしくみを作る
内部統制／職務分掌

たこ焼き屋ネットショップは、システム監査を受けた結果、「値引き設定機能を担当者1人で利用できるのはよくない」との指摘を受けました。値引きの設定は、マーケティング部門の担当者の仕事でしたが、悪用すれば「商品の価格を非常に安くして、自分が購入する」などの行為につながってしまうためです。

そこでたこ焼き屋ネットショップでは、「値引き機能」で担当者が商品の値引きを設定した場合、上司であるマーケティング部の課長の承認がないと値引きが反映されないようにシステムを改修しました。

このように、違法行為や不正が起こりにくいしくみを作ることを「**内部統制**」といいます。

また、値引き機能の例のように、申請者と承認者の役割を分け、相互監視させて不正を防ぐしくみを作ることを「**職務分掌**」といいます。

職務分掌

担当者　①申請　管理職

③実施　②承認

　内部統制では、「不正が起きないしくみをきちんと作る」ことが重要でした。ですが、なかなかベストなしくみというものはありません。

「これで大丈夫だ！」

と、いったん作ったしくみも、よくよく見ると、抜け穴があったりします。
　そのため、「そのしくみが適切に効果を発揮しているかどうか」を継続して監視する必要があります。このことを「**モニタリング**」といいます。「モニター＝見る・監視する」という用語からきています。

　多くの会社では、経理、販売管理など、同じような情報システムを利用しています。しかし、そのシステムをどれぐらい有効に使い、経営に役立てられているかは、企業によって大きく違うでしょう。その違いは、

「経営目的と合致した情報システムになっているか？」
「利用者が情報システムの目的をよく理解しているか？」
「部門内のコミュニケーションは良好か？」

など、さまざまな要素によって生まれるものです。
　このような「ITを使いこなす企業の総合的な力」のことを「**ITガバナンス**」と呼びます。

　以上で、マネジメント分野の全体像は終了です。実際のシステム開発の流れを具体的に概観することで、イメージが湧いたのではないでしょうか。
　くり返しになりますが、マネジメント分野は、毎回出題される用語の宝庫です。短期合格のためにも、ぜひ得意分野にしてくださいね。

ネットショップで
買い物ができるしくみを
把握して
「テクノロジ」分野を攻略する

ビジネスで利用する情報システムやコンピュータ機器は、専門知識のあるシステム業者などから購入することが一般的です。そのときに、ユーザ企業側の担当者が IT に無知だと「システム業者が提案した内容や、その価格が自社のビジネスにとって適切かどうか」を評価することは難しいでしょう。

「情報システムに対する投資と効果が見合っているか」は、経営者の立場では本当に重要なことです。しくみを理解できれば、経営者の目線で評価できることにもつながります。

技術のしくみを理解するのは難しそうに思えるかもしれませんが、身近な事例で説明していますので、きっとイメージしやすいでしょう。

第 **3** 章

3-01

世界中どこからでも
ネットショップに
アクセスできるしくみとは

👉 だれもがケータイやスマートフォンでかんたんに世界中にアクセスできる時代ですが、その裏側はどのようになっているのでしょうか。

　ここでは、あなたの手元の端末からネットショップまでをつなぐネットワークの全体像を見ていきます。細かいところにこだわりすぎずに、ざっくりと把握してください。

あなたがネットショップへアクセスする3つの方法

　インターネット上にあるネットショップにアクセスする方法は、おもに以下の3つです。

❶ 家庭用のパソコン

　NTTなどの通信事業者が用意するADSL（一般電話回線を使う）や光通信回線（FTTH）を利用してインターネットに接続します。

❷ オフィスのパソコン

　LAN（ローカルエリアネットワーク）と呼ばれる社内ネットワークからインターネットに接続します。

❸ スマートフォン

　NTTドコモ、au、ソフトバンクなどの通信事業者（キャリア）の回線からインターネットに接続します。

各ネットワークからネットショップへ接続するイメージ

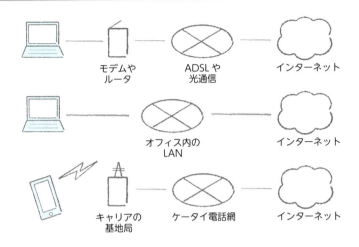

インターネットで通信するとき、データは「パケット」と呼ばれる小さな固まりに分割されて送受信されます。携帯電話をお使いの方は「パケ放題」「パケット定額」というサービスを聞いたことがあるでしょう。それは「インターネットにおける通信＝パケット通信を、いくらでも使い放題（＝定額）にする」という意味です。

携帯電話の番号のようなしくみで相手を特定する
IPアドレス／ IPv4 ／ IPv6

インターネットで通信する相手を特定するためには、携帯電話における電話番号のようなものが必要です。これを「IPアドレス」と呼びます。1台1台のコンピュータには、異なるIPアドレスが割り振られています。

IPアドレスは2進数の32桁で表されます。2進数は第5章でくわしくお話ししますが、IPアドレスは人間にわかりやすくするために、2進数を8桁ごとに分け、10進数に変換して「. （ピリオド）」で区切り表記します。

【例】 255.128.156.24

171

なお、2進数の32桁で表すIPアドレスは、「IPv4（バージョン4）」と
いって、2の32乗＝約43億台のコンピュータを接続できます。ただ、コ
ンピュータの数が爆発的に増えつつある最近では、IPアドレスが不足して
きています。そのため、2の128乗ほどのコンピュータを識別できる
「IPv6」への切り替えが進みつつあります。

> ## IPアドレスは体系化されている

　電話番号を見ると、だいたい、どこの地域の番号かわかりますよね。
　下記の場合だと、市外局番が「03」なので東京23区、局番が556X、番
号が111Xです。

【例】 03-556X － 111X

　IPアドレスの場合は、32桁の2進数を2つに分けて、前半を「**ネット
ワーク部**」、後半を「**ホスト部**」と体系化しています。
　ネットワーク部とホスト部の分け方はいくつかあるのですが、たとえば、
「クラスB」という分け方だと、前半16ビットがネットワーク部、後半16
ビットがホスト部になります。

【例】 255.128.156.24

　この場合、「255.128」がネットワーク部で、同じ組織（企業）の中にあ
るIPアドレスは、すべて、この部分が同一になります。
　このように、IPアドレスには、所属を明らかにする工夫がされているの
です。

> ## わかりにくいIPアドレスを文字に置き換えたのが「URL」
> URL ／ DNS ／ドメイン

　前項のIPアドレスの例のように、2進数から10進数に変換しても、ま
だ人間にはわかりにくいです。

1つならともかく、こんなものを何個も覚えていられませんよね。

そこで、「URL」というものが考えられました。かんたんに言えば、ホームページやサーバのIPアドレスを、さらに人間にわかりやすい文字に置き換えたものです。

【URLの例】https://takoyaki-shop*.co.jp**

これで、だいぶ覚えやすくなりましたね。ただし、人間はURLをブラウザなどに入力しますが、コンピュータはIPアドレスしかわかりません。そこで、URLとIPアドレスを紐づける「電話帳」のようなものが必要です。

それを「DNS（Domain Name System）」と呼びます。DNSは、いつも最新の「URLとIPアドレスの紐づいた情報」を、インターネット上のコンピュータに提供しています。次ページの図を参照してください。

ちなみに、DNSの「Domain（ドメイン）」とはインターネット上の住所のようなもので、URLやメールアドレスの一部になります。上記の例をもとに、ドメインとURL、メールアドレスの関係を整理しておきましょう。

【ドメインの例】takoyaki-shop*.co.jp**
【URLの例】https://takoyaki-shop*.co.jp**
【メールアドレスの例】suzuki@takoyaki-shop*.co.jp**

> **企業内ではインターネットに接続するときだけIPアドレスがあればいい**
> DHCP

インターネットに接続するパソコンには、すべて重複のないIPアドレス（これを「グローバルIPアドレス」と呼びます）が必要です。ですが、企業内のネットワーク（LAN）に接続しているパソコンには、LANの中で特定できるアドレスがあれば十分です。

そこで、LANの中のパソコンが、インターネットに接続するときだけグローバルIPアドレスを自動的に付与するしくみがあります。それが「DHCP（Dynamic Host Configuration Protocol）」です。

DHCPの機能は、LANの中ではサーバコンピュータに持たせることが多

テクノロジ

いです。管理者がいちいち個別に利用者のパソコンに IP アドレスを設定しなくても、必要なときだけ自動的に割り当ててくれるので、とても運用がラクになります。また、限られた IP アドレスを多くのパソコンで交互に共用できるので、IP アドレスの有効活用にもなるのです。

ドメイン・ネーム・システムによる名前解決

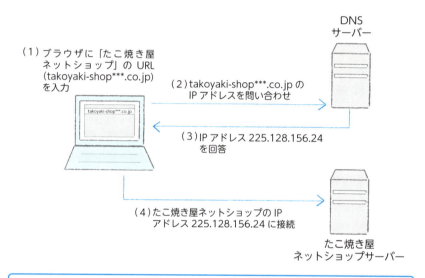

（1）ブラウザに「たこ焼き屋
ネットショップ」の URL
（takoyaki-shop***.co.jp）
を入力

（2）takoyaki-shop***.co.jp の
IP アドレスを問い合わせ

DNS
サーバー

（3）IP アドレス 225.128.156.24
を回答

（4）たこ焼き屋ネットショップの IP
アドレス 225.128.156.24 に接続

たこ焼き屋
ネットショップサーバー

どんなデータが送られてくるのかわかるように区別する
ポート番号

IP アドレスがあれば、通信相手のコンピュータを特定できますが、1 つのコンピュータの中ではメールソフト、Web ブラウザなど、インターネットデータを送受信するアプリケーションが複数あります。そのため、「どのデータを送受信するのか」を双方のコンピュータであらかじめ了解しておく必要があります。

そこで使われるのが「**ポート番号**」。たとえば、Web 用のデータを送信する際、IP アドレスに加えて「80」というポート番号も送信します。

ポート（Port）とは「港」の意味。「このデータは Web のデータなので、80 番の港で受け入れてください」と相手側のコンピュータに指示するイメージです。

ポート番号	プロトコル
25	SMTP（メール送信）
80	HTTP（Web データ送受信）
110	POP3（メール受信）

> **ケータイでもパソコンでも同じ約束ごとを守るから通信できる**
> プロトコル

あなたは、特に不思議に思うこともなく、携帯電話で家族や友だちとコミュニケーションを取っていることでしょう。ですが、よく考えると、「携帯電話で意思疎通をとる」ためには、以下のようにさまざまなレベルで共通の「約束ごと」をお互いに守る必要があります。

- お互いが携帯電話機を持っている
- お互いの携帯電話は、同じまたは互換性のあるキャリア同士である
  （相手が海外にいる場合は、ローミングも必要かもしれません）
- 回線がつながるだけでなく、少なくともお互いが同一の言語を 1 つ以上理解している

じつは、インターネットの接続にも、このような「約束ごと」が多々あります。それを「**プロトコル**」と呼びます。プロトコルに従って通信することで、私たちは世界中のコンピュータからデータを入手したり、メールをやりとりしたりすることができるのです。

プロトコルは、以下のようなレベルに応じて、さまざまなものがあります。それらをまとめると、以下の表になります。

階層別プロトコル一覧

①どのようなアプリケーションを使うのか特定するレベル	HTTP：WEB データのやりとり SMTP：メール送信 POP3：メール受信 FTP：ファイル転送
②通信中のエラーを修正するレベル	TCP：エラー制御
③通信相手先を特定するレベル	IP：IP アドレスをみて経路を選択
④回線を接続するレベル	PPP：ダイヤル回線で接続

　前項でプロトコルについて学びましたが、「さまざまなレベルで約束事を守って通信している」と言われても、いまひとつピンと来ないですよね。

　ですが、電話の「内線」と「外線」をイメージすればかんたんです。会社のパソコンは社内の LAN を経由してインターネットに接続しますが、LANの中では「内線のような番号」を使って通信して、インターネットに出ていくときは「外線のような番号」を使って通信します。

　後者の「外線のような番号」が IP アドレスなのですが、「内線のような番号」とは一体なんでしょうか？

　それは、ネットワーク機器がメーカー出荷するときに書き込まれる「**MACアドレス**」というものです。MAC アドレスは、ネットワークに接続する機器（LAN アダプタなど）すべてに書き込まれた、世界で唯一の番号です。最近は、ほとんどのパソコンに LAN 接続コネクタや無線 LAN 機能がついているので、パソコンの出荷時に書き込まれています。

　社内 LAN の中で通信をするときには、IP アドレスを設定していない場合でも使えるように、MAC アドレスを使います。

　一方、インターネットに出ていくときは、ネットワーク部などがきちんと体系化された IP アドレスを使います。

　社内 LAN のネットワークでは MAC アドレスを使うので、MAC アドレスを判別するネットワーク機器が必要になります。それが「**ブリッジ**」です。

　一方、いくつもの LAN を接続したりインターネットに接続するためには、IP アドレスを判別して、どこのネットワークか見極め、そちらにデータを流すような接続機器が必要です。それが「**ルータ**」です。

　このように、ネットワーク接続機器は用途に応じてさまざまな種類があります。ほかにも、目的に応じて次のような機器があります。

● LAN の中でネットワークの回線を集約させる「**ハブ**」

●単にデータの電気信号を増幅させるだけの「**リピータ**」

これらの機器をレベルごとにまとめると、表のようになります。

階層モデルとネットワーク機器の対応表

アプリケーションレベル	・ゲートウェイ	① ②
宛先（IP アドレス）レベル	・ルータ	③
MAC アドレスレベル	・ブリッジ ・スイッチングハブ	④
回線レベル	・リピータ ・ハブ	④

P175 の
表と対応

携帯電話の回線網より、無線LANのほうがメリットが大きい
Wi-Fi ／テザリング

「Wi-Fi」とは、無線 LAN の標準規格のことです。カフェや駅などの「無
線 LAN ポイント」のことを「Wi-Fi ポイント」といったりしますね。

たこ焼き屋チェーンの店舗でも、無料で Wi-Fi ポイントが利用できるよ
うになっています。通常、スマホは無線の電話回線を利用して携帯電話基地
局へ接続しますが、Wi-Fi ポイントがあるところでは、電話回線より Wi-Fi
に接続したほうが便利です。というのも、Wi-Fi は電話回線に比べ、

●通信の電波が安定している

●高速である

●パケット代がかからない

などのメリットがあるからです。

　自宅で無線 LAN ルータを導入している人は、自宅でも Wi-Fi 接続することが多いでしょう。ちなみに、Wi-Fi スポットがないところで、PC やタブレットを無線 LAN 接続したい場合、無線の電話回線をモバイルルータという機種で受信して、無線 LAN ポイント（Wi-Fi ポイント）として利用すれば、PC やタブレットでインターネット接続ができます。

　モバイルルータを持っていなくても、スマートフォンをモバイルルータとして使うこともできます。それが「テザリング」と呼ばれる機能です。

　テザリングについては、P292 も参考にしてくださいね。

スマートフォンを使うためのさまざまなサービスを確認しよう
SIMカード／ MVNO ／キャリアアグリゲーション／ NFC

　ここまでスマートフォンや PC でインターネットに接続するしくみを見てきました。ネットワークの節の最後に、あなたの使っているスマートフォンで受けられるサービスを見ていきましょう。

　ドコモや au、ソフトバンクなどのキャリア（通信事業者）と契約している方は、キャリアから手に入れた通信用のカードをスマートフォンにセットしているでしょう。この通信用のカードを「SIM カード」といいます。SIMカードには、契約者情報を特定する固有の ID 番号が書かれています。

　また、みなさんの中には、「格安スマホ」と呼ばれる、前述の 3 大キャリア以外の事業者と契約されている方もいるかもしれません。現在、格安スマホを販売する事業者は数多くありますが、それらの事業者は全国に通信網や通信設備を自前で展開しているわけではありません。

　それではなぜ、格安スマホを販売できるかというと、ドコモなど自前で通信網を整備している大手キャリアから、通信回線を借りている、つまり、お金を払って使わせてもらっているからです。このように、大手キャリアから通信回線を借りて、一般の顧客に格安スマホなどを販売している業者を「MVNO」といいます。MVNO は「Mobile Virtual Network Operator」の略で、日本語に訳すと「仮想移動体サービス事業者」となります。

　また、最近のスマートフォンは、動画の再生などがどんどんスムーズに
なっていますよね。現在、各通信事業者は、ユーザーからの「通信高速化」
の要望を受けて、いろいろと知恵を絞っています。とはいえ、通常の電波で
すぐに転送するデータを増やすのは難しいものです。

　そこで、電波（搬送波）を2本分まとめて利用して大容量のデータを転
送する技術を開発しました。たとえるならば、大量のたこ焼きを焼くために、
たこ焼きの屋台1台ではなく、2台の屋台で焼くようなもの。2台で焼けば、
時間が半分に短縮できますね。

　以上のような通信高速化の技術を「キャリアアグリゲーション」といいま
す。キャリア（搬送波）を集約する（アグリゲーション）という意味です。

　それにしても、最近のスマホは、ますます便利になっています。たとえば、
コードを繋がなくても充電器に置くだけで充電ができたり、お財布ケータイ
としてスマホで支払いができたり……。このように、直接有線で接続しなく
ても、非常に近い距離で情報をやりとりするための規格の標準的なものが
「NFC」です。NFCは「Near Field Communication」の略で、日本語訳
にすると「近い距離での通信」となります。

　交通系ICカードには、「Suica」「ICOCA」などがありますが、これはソ
ニーが独自開発したFelicaという技術を使っています。FelicaはNFCの
1種ですが、ソニー独自の技術がいろいろと採用されているため、

「NFC対応スマホだからといって、すべてがSuicaなど交通系ICカード
として使えるわけではない」

という点には注意してくださいね。

3-02

被害をおさえる 「情報セキュリティ」のポイント

👉 インターネットはとても便利なものである一方、情報が盗まれてしまう危険もあります。今なお新しい脅威が日々増え続けており、今後も継続して大切な情報を守る方法を学び続けなければなりません。

まず「どんな脅威があるか」をおさえましょう。そうすれば、情報セキュリティの考え方や、脅威への対策もかんたんに理解できます。

「情報資産」を脅かす3つの脅威

たこ焼き屋ネットショップならば、「会員情報」「商品情報」「注文情報」など、重要な情報を数多く保有することになります。それらの情報や、コンピュータそのものを「**情報資産**」と呼びます。

情報資産を脅かす脅威は、大きく以下の3種類があります。

● ユーザーや社員の操作ミス、情報を盗もうと悪意を持って行動する人など（人的脅威）
　【例】オペレータのミスで「会員情報」が外部へ流出しそうになる

● 災害、破壊行為など（物理的脅威）
　【例】ビルの火災でサーバが水浸しになる

● ITを利用した攻撃や詐欺、コンピュータウイルスなど（技術的脅威）
　【例】サーバがコンピュータウイルスに感染してしまう

　これらの脅威から情報資産を守るためには、それぞれの脅威に合わせた対策が必要です。

- 人的脅威　➡　ユーザーを教育する／アクセス権限を管理する
- 物理的脅威　➡　バックアップ用サーバを別の地域に用意しておく
　　　　　　　　　　（「遠隔バックアップ」といいます）
- 技術的脅威　➡　セキュリティホール（不正操作を許してしまうシステムの欠陥）を修正する

どうして不正が発生するのか？
不正のトライアングル

「情報セキュリティ事故が発生した！」

というと、まずサイバー攻撃やコンピュータウイルスなどの「技術的脅威」が頭に浮かびます。

　しかし、実際には、不正や人為ミスなどの「人的脅威」が原因であることが、一番多いのです。

　なぜ、人間は不正をしてしまうのでしょうか？

　ある研究者は、「人間が不正を働くメカニズム」を研究したところ、次の3点がそろった時に、人間は不正を働きやすいことがわかりました。

❶不正を実行しやすい環境
　【例】鍵の掛かっていない部屋に、貴重品が置いてある

❷不正を起こすことになった事情（理由）
　【例】生活費に困窮している

❸不正の実行を正当化する理由
　【例】「あの会社は、くだらないものを売ってもうけすぎだ」と考える

たしかに、このような状況に置かれると欲望に負けて不正を働く人も出てくるかもしれませんね。これらの考え方を、「不正のトライアングル」といいます。

> **組織に合った方針を考える**
> 情報セキュリティポリシー

もし、コカコーラ社から、「コーラの原材料情報」が流出したらどうなるでしょうか？

コーラの原材料は世界的な企業秘密であるため、大変な問題となってしまいます。一方、たこ焼き屋でたこ焼きの原材料が流出しても、さほど問題にはなりません。

このように、「どのような情報を守るべきか」は会社ごとに異なります。そのため、「自社は何を、どう守るか？」という方針が必要になってきます。その方針のことを「情報セキュリティポリシー」と呼びます。

情報セキュリティポリシーは、下図のような構成になっています。

情報セキュリティポリシー

> **組織として適切に運用することが必要**
> ISMS

たこ焼き屋ネットショップでは、お客様の情報をはじめ、重要なデータを多く扱っているため、スタッフのセキュリティ教育には力を入れています。

そのため、セキュリティ意識の高いスタッフばかりなのですが、もし1

人でもセキュリティにルーズな人がいて、大切な情報が流出したらどうなるでしょうか？

仮にスタッフが100人いて、99人までしっかり情報を管理できていても、1人でも抜け穴があったらまったく意味がないのです。

このように、情報セキュリティは組織として運用することが重要です。そのためのしくみを、「情報セキュリティマネジメントシステム」と呼びます。英語にすると ISMS（Information Security Management System）です。

ISMS は、第1章で解説した経営管理と同じように、PDCA のサイクルをまわすことが重要です。

- PLAN ➡ 組織の情報セキュリティの目標や計画を立案する
- DO ➡ 計画に基づいて対策を導入・運用する
- CHECK ➡ 実施結果のチェックや見直しをする
- ACTION ➡ 組織のトップが改善・処理する

情報資産を守るための7つの視点

「さまざまな脅威から情報資産を守ること」は重要ですが、具体的にはどのようにすればいいでしょうか？

情報資産を守るにあたり、まず情報を3つの視点で考えるとわかりやすくなります。

- 機密性 ➡ 扱ってもいい人以外には扱えないようにする
- 完全性 ➡ 情報が書き換えられたり、一部が欠落したりしないようにする
- 可用性 ➡ 必要なときにすぐに利用できる

「機密性」と「可用性」は一見相反するように思えるかもしれませんが、「利用すべき人物が利用できない情報資産」では意味がありませんよね。情報セキュリティでは、「何が何でも情報をガードする」のではなく、「機密性」「完全性」「可用性」をバランスよく実現することが必要なのです。

さらに、「機密性」「完全性」「可用性」のほかに、次の4つの視点を考慮

することも大切です。

- ●真正性 ➡ 利用者や情報が確実に本物であることを保証（認証）する
- ●責任追跡性➡ だれが（何が）起こした事象なのかを追跡し、その責任を明確にできる
- ●否認防止 ➡ 発生した事象を、確実に否認できないようにする
- ●信頼性 ➡ 期待したとおりの動作をする、または結果を出す

> ### 発生するリスクの大きさや確率から対策を考える
> リスクマネジメント／リスクアセスメントとリスクへの対応策／サイバー保険

　たこ焼き屋ネットショップから「会員情報」が流出すると大変です。顧客に迷惑がかかり、社会的信用も失います。

　一方、販売中の「商品情報」が流出しても、そこまで重大ではありません。社外に発生する迷惑の度合いが、前者に比べて非常に小さいからです。

　このように、発生するリスクの影響度、および発生確率などに応じて、対処の優先順位や対処方法を分けて検討しなければなりません。これを「リスクマネジメント」と呼びます。

　リスクマネジメントとは、

「どのようなリスクが存在するか」（リスクの特定）
「そのリスクの詳細は？」（リスクの分析）
「そのリスクの大きさは？」（リスクの評価）
「そのリスクに対する対策は？」（リスク対応）

など、リスクに関して全体的な管理をする活動です。

　リスクマネジメントのうち、リスクの特定〜評価までおこなう部分を、特に「**リスクアセスメント**」といいます。

「リスクマネジメント」と「リスクアセスメント」の関係は次の図のとおりです。

リスクマネジメントの全体像

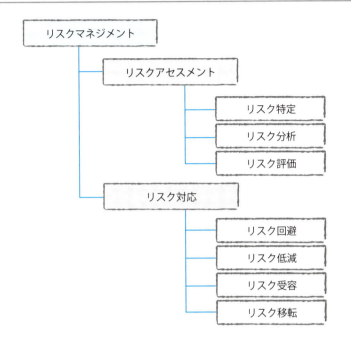

　実際にリスクの対策をする際、その方法は決して1つではありません。たとえば、「たこ焼きで使う生ダコが、病原菌に侵されている」というリスクに、どのような対応策が取れるでしょうか？

　ちょっと考えてみましょう。

❶今後一切、生ダコを利用しない

❷生ダコを養殖する地域を複数に分け、とある養殖地で伝染病が発生したら、ほかの養殖地のタコを使うようにする。または、タコの養殖地を1ヶ所に集中し、そこの環境を徹底管理する

❸生ダコが病原菌に侵される確率が低く、しかも人間に与える影響が小さい場合は、とりあえず特別な対策をしない。万が一、たこ焼きを食べたお客様に食中毒が発生した場合に備え、たこ焼きチェーンの企業で見舞金支払い用の予算を確保しておく

❹生ダコが病原菌に侵される確率は低いものの、❸とは違って、万が一食中毒が発生したら、お客様に与える影響が重症になる可能性がある。その場合は、食中毒発生時に多額の補償が発生することが考えられるので、あらかじめ保険会社と保険契約を結んでおく

いろいろな対策が考えられますね。

以上のうち、❶を「リスク回避」といいます。タコ焼き屋が「今後一切、生ダコを利用しない」という対策をとるのは、非常に思いきった対策ですね。リスク回避は、「完全にリスクをなくす」唯一の超強力な手段ですが、あまりにも非現実的なことが多いので、実際にこの手法がとられることは多くありません。

❷を「リスク低減」といいます。❷の事例の前半を「リスク分散」、後半を「リスク集中」といいますが、どちらもリスクを低減する目的では同じです。

❸を「リスク受容」といいます。たまにしか起こらない、かつ発生した場合の影響が小さい場合は、自社がリスクを持つ、ということです。

❹を「リスク移転」といいます。たまにしか起こらないリスクですが、一度発生すると大きな影響がでる場合には、保険などに入ることが現実的ですね。つまり、保険会社にリスク（が現実化した際の責任）を移転する、ということです。

ちなみに、サイバー攻撃など悪意のある者からの攻撃で、個人情報流出や業務停止するリスクもあります。このようなリスクに備える保険全般を「サイバー保険」といいます。

次の図では、上記4つの対策のうち、「どんな場合にどの対策を実施するべきか」という原則をまとめました。参考にしてみてください。

なお、「リスク」と「脅威」は意味が異なります。たとえば、コンピュータウイルスは「脅威（危険なもの）」ですが、もし、特定のウイルスに対する万全な対策ソフトをインストールしていれば、そのウイルスのリスクは非常に小さい、といえるでしょう。つまり、リスクとは「危険なことが発生する可能性」という意味なのです。

テクノロジ

リスクの対応

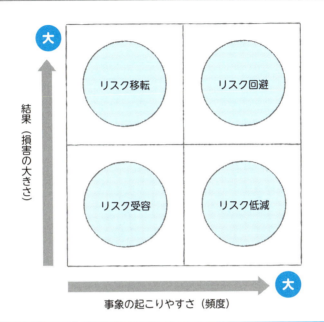

縦軸：結果（損害の大きさ）大
横軸：事象の起こりやすさ（頻度）大

- リスク移転
- リスク回避
- リスク受容
- リスク低減

メール送信の際にはマナーに気を付ける
TO／CC／BCC

セキュリティの管理は、まず身近なところから始めることが大切です。

メールを一斉発信する際、同じプロジェクトのメンバーなど、お互いが知り合いの場合は、それぞれのメールアドレスが別のメンバーに見えても問題ないでしょう。その際は、それぞれのメールアドレスを「TO」という項目に記入します。「TO」とは「正式な配信先」という意味です。

一方で、プロジェクトの議事録などを「正式なプロジェクトのメンバーではないが、関係者にご参考程度に送っておきたい」という場合もあるでしょう。その場合「CC（カーボン・コピー）」という項目にメールアドレスを記入します。CC は「写し」の意味です。

また、同じ一斉配信でも、お互いが面識のない「複数の顧客」に特別セールの PR メールを送りたい場合もありますよね。その際、それぞれの顧客に、別の顧客のメールアドレスが見えてしまうのは好ましくありません。そんな

ときは、それぞれの顧客のメールアドレスを「BCC」欄に記入すると、ほかのだれ宛てに送っているのかが、それぞれの顧客からは見えなくなります。

> ### だますような方法は感心できません
> フィッシング詐欺／ワンクリック詐欺

　たこ焼き屋ネットショップのライバルである「ブラックたこ焼きショップ」は、売上や利益のためなら手段を選ばない会社です。

　先日も、たこ焼き屋ネットショップと見た目がほとんど同じネットショップを作っていたので、クレームをいれたところ、やっと違う見た目のデザインに変更してくれました。

　インターネット上の「技術的脅威」の中にも、同じような悪さをするものがあります。たとえば、銀行からのメールを装って、その銀行のWebサイトそっくりの偽サイトに誘導し、そこでIDやパスワードを入力させて、まんまとID・パスワード情報を盗み取るなどの行為です。これを「**フィッシング詐欺**」と呼びます。
「フィッシング」とは「釣り」や「洗練された（手口)」という英語を元にした造語です。あなたも、悪意を持つ人から見事につられないように気をつけてくださいね。

　また、ブラックたこ焼き屋ショップでは、「たこ焼き無料券配布中！」とWebサイトで宣伝しています。これに興味を持ったインターネットユーザーが「申し込み」ボタンを押すと、

「たこ焼き無料券を入手するためには、ブラックたこ焼きクラブに入会が必要です。あなたは先ほどのクリックにより、入会契約が完了しました」

と突然、料金請求のページが表示されてしまうのです。
　このように、画面上の画像や文字をクリックしただけで入会金や使用料などの料金を請求してくる悪質な手口を「**ワンクリック詐欺**」といいます。
「ワンクリック詐欺」は立派な犯罪なので、お金を要求されても決して相手にしないことが大切です。

> ## システムの欠陥は狙われやすい
> セキュリティホール

　ネットショップに限らず、便利な機能を多く持つ情報システムは複雑なしくみになっています。そのため、開発者も気づいていないような欠陥「**セキュリティホール**」が隠されていることがよくあります。

　たこ焼き屋ネットショップも、過去にブラックたこ焼きショップから、何度もセキュリティホールを狙われて、ショップがダウンしたことがありました。

　セキュリティホールを狙う手口は「技術的脅威」の一部ですが、いくつもの手口があります。

❶ クロスサイトスクリプティング

　悪意を持つ者（ブラックたこ焼きショップ）が、悪いしくみを持ったWebサイトを用意し、それを知らずに訪れたユーザーを使って、たこ焼き屋ネットショップのWebサイトのセキュリティホールを攻撃します。具体的には、ユーザーに「悪意を持つ命令文（スクリプト）」を実行させるようしむけるのです。

　この方法を、「複数のサイトを経由してスクリプトを実行する」という意味から「**クロスサイトスクリプティング**」と呼びます。

❷ SQLインジェクション

　たこ焼き屋ネットショップの「ご意見・ご要望のページ」には、ユーザーが自由にテキストを入力して送信できる入力項目があります。

　その入力項目に、「入力された文字をきちんとチェックする機能」が用意されておらず、それがセキュリティホールとなっていた時期がありました。

　悪のブラックたこ焼きショップは、そこにつけ入り、入力項目に「たこ焼き屋ネットショップのデータベースを操作する命令文（SQL文といいます）」を入力し、不正にたこ焼き屋ネットショップの中身を操作したのです。

　この手口を「**SQLインジェクション**」と呼びます。

❸ バッファオーバフロー

　たこ焼き屋ネットショップには、ユーザーから受け付けるさまざまな入力項目があります。それぞれの項目には、入力されたデータを保存するメモリ領域（バッファ）が割り当てられています。通常、そのバッファの大きさを上回るデータは入力できないようにガードがかけてあるのですが、ガードをかけ忘れた項目があると、それがセキュリティホールになってしまいます。

　悪意を持つブラックたこ焼きショップはそこを狙い、バッファの大きさを上回るデータを入力し、たこ焼き屋ネットショップに想定外の動きを起こさせようとしました。この手口を「バッファオーバフロー」と呼びます。

　このように、セキュリティホールがあると、さまざまな手口で悪意を持つものから狙われます。たこ焼き屋ネットショップでは、被害にあうたびにパッチ（修正プログラム）を用意し修正してきました。

　しかし、まだまだ未知のセキュリティホールが潜んでいるかもしれませんし、今後システムを改善するたびに新しいセキュリティホールができるかもしれません。開発・テスト・運用のすべてのフェーズで、きちんとチェックすることが重要です。

　とはいえ、それ以前に、ブラックたこ焼きショップの行為は、嫌がらせといったレベルではなく、立派な犯罪です。あなたが将来、もし高い技術を持つようになっても、このような卑劣な行為には手を貸さないでくださいね。

> ### 不正侵入はどうすれば防げるか
> ファイアウォール／ DMZ

　インターネットに接続するということは、関係者以外の人でも、社内LANに侵入したり、攻撃できたりするということです。そこで、外部からの通信内容をチェックしたり、場合によっては通信を遮断できる手段をインターネットと社内 LAN の間に設置することになります。そのための機器またはソフトを「ファイアウォール」と呼びます。

　たこ焼き屋ネットショップのサーバも、安全のためにファイアウォールの内部に置くことになりますが、その場合 1 つ問題が出てきます。社内 LAN

と異なり、ネットショップのサーバには、外部の会員もアクセスしてもらわなければなりません。

　そこで、ファイアウォールの中に、外部とも内部とも異なるエリアが必要になってきます。それを「**DMZ** (DeMilitarized Zone：「非武装地帯」の意味)」と呼びます。

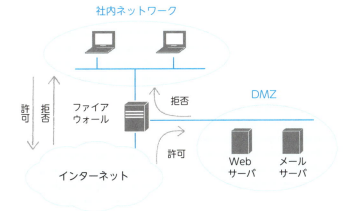

DMZ

社内ネットワーク

ファイアウォール　拒否　DMZ

許可　拒否

Web サーバ　メール サーバ

許可

インターネット

攻撃されても大丈夫なように予行演習する
サイバー攻撃／ペネトレーションテスト

　残念ながら、セキュリティホールをなくし、ファイアウォールや DMZ を用意すれば絶対安全、というわけにはいきません。ブラックたこ焼き屋ショップや悪意のある者たちは、さまざまな手段でネットショップのサーバを攻撃してくる可能性もあります。

　このように、インターネットなどのネットワークを経由して、企業内システムに不正侵入してデータを改ざんしたり、システムの破壊をしたりする攻撃全般のことを「**サイバー攻撃**」といいます。

　たこ焼き屋ショップは、ネットショップ側の対策が万全かどうか、自分達で外部からネットショップのサーバを攻撃してみて、対策が不完全な部分が

ないかテストすることにしました。この予行演習のようなテストを「**ペネト
レーションテスト**」と呼びます。

　ところで、ひと口に攻撃するといっても、どんな手段があるでしょうか？

❶ DoS 攻撃／ DDoS 攻撃

　まず、大量にメールを送りつけたり、ネットショップの機能を大量に操作
したりして、サーバの処理できる量をオーバーさせ、結果としてサーバをダ
ウンさせたり不安定にさせたりする攻撃があります。この攻撃を「**DoS 攻
撃**」といいます。DoS とは、Denial of Service の略。「サービスを拒否す
る」という意味です。

　さらに、複数の（大量）の端末からの DoS 攻撃が「**DDoS（Distributed
Denial of Service）攻撃**」です。DoS 攻撃の規模を拡大させた、強力な攻
撃です。「Distributed」は「分散」という意味です。

❷ パスワードクラック

　たこ焼き屋ネットショップは会員制ショップです。そのため会員ページに
入るには正しい ID とパスワードのセットが必要です。悪意を持つ者の中には、

　「なんとかして会員のパスワードを割りだし、ログインして会員情報を盗ん
でやろう」

と考える者もいます。このようにパスワードを割りだす攻撃を「**パスワード
クラック**」といいます。パスワードクラックには以下のようにいくつかの方
法があります。

総当たり攻撃 （ブルートフォ ースアタック）	「考えられるすべての文字の組み合わせ」を試す攻撃のこと。ブルートフォースとは「力ずく」という意味です。まさにそのとおりですね（笑）。
辞書攻撃	専用の辞書を持ち、その辞書に載っている単語を片っ端からパスワードとして試す攻撃のこと。

パスワード リスト攻撃	複数の Web サービスで同一の ID やパスワードを使い回しているユーザーをターゲットにした攻撃のこと。別のサービスやシステムから流出した ID とパスワードを用いて、悪意のある者がシステムのログインを試みます。流出元と同じ ID とパスワードを使いまわしていた場合、アカウントは乗っ取られてしまいます。

さて、ここまで見たとおり、悪意のある者は、さまざまな手法でパスワードを盗み取ろうと狙っています。そこで、たこ焼き屋ネットショップでは、近い将来、短時間のみ有効な「使い捨て」のパスワードを採用しようと考えています。短時間しか利用できないパスワードならば、悪意のある者に知られても、すぐに使えなくなりますので、不正ログインされる可能性がグッと減ります。このような短時間しか使えない1回限りのパスワードを「ワンタイムパスワード」といいます。

ワンタイムパスワードでは、パスワードを使う直前に、利用者のスマートフォンに SMS（ショートメッセージサービス）でワンタイムパスワードを送付したり、あるいは、ログインするシステムと時刻同期した専用のパスワード生成器を利用者に配布したりすることで実現します。

❸ ゼロデイ攻撃

新しいセキュリティホールが発見されるとすぐ、たこ焼き屋ネットショップがパッチを適用する前に攻撃される場合があります。

この攻撃を「1日の猶予もない攻撃」という意味で「ゼロデイ攻撃」といいます。

❹ 標的型攻撃／水飲み場型攻撃

今回のケースのように、「たこ焼き屋ネットショップのサーバ」という特定の目的に絞った攻撃を「標的型攻撃」といいます。

ほかにも、たこ焼き屋ネットショップの運営メンバーがよく閲覧しそうなインターネット上のサイトに、ウイルスを仕込むなどの手口を使うケースもあります。

たとえば、たこ焼き屋ネットショップのメンバーは、「全国粉物ネット

テクノロジ

ショップ連合会（通称：全こ連）」に加盟していますが、この場合、全こ連の「会員企業向けダウンロードページ」にウイルスを仕込んでおけば、高い確率で、たこ焼き屋ネットショップのメンバーがダウンロードしそうですよね。まったく油断も隙もあったものではありません。このようにターゲットがよく訪れそうなサイトにあらかじめワナを仕掛ける攻撃を「水飲み場型攻撃」といいます。草食動物が水を飲みに来る場所に、肉食動物が潜んでいるというイメージです。

❺ドライブバイダウンロード

Web サイトにアクセスしただけで、知らないうちに悪意のあるプログラムをダウンロードさせる攻撃を「ドライブバイダウンロード」といいます。

❻キャッシュポイズニング

P173 で説明したように、DNS サーバには「URL と IP アドレスの紐づけ情報」が入っています。「キャッシュポイズニング」は、この DNS サーバのキャッシュ（記憶領域）を書き換えてしまう攻撃です。

DNS サーバのキャッシュを書き換えることで、ユーザーがパソコンに正しい URL アドレスを打ち込んでも、詐欺サイトの IP アドレスをセットしておけば、ユーザーを詐欺サイトに誘導することができます。

以上のようにさまざまな攻撃があり、攻撃の手順もさらに巧妙化しています。たとえば、初めての攻撃のときは特に破壊活動などをせず、正規の利用者にわからないように不正侵入する経路だけをつくります。そして 2 回目の攻撃のときに、その経路を使って集中的にコンピュータへ侵入し、破壊活動をしたりします。このような不正侵入の経路を「裏口」という意味で「バックドア」といいます。

たこ焼き屋ネットショップは利用者も多く、業界でもトップの売上高をあげているショップのため、より多くの者に狙われているようです。

しかし、たこ焼き屋ネットショップ側も、ただ指をくわえて黙っているわけではありません。社内にセキュリティ問題を対処する専門の組織を作り、日々セキュリティ問題が起きていないかを監視し、問題の発生時には主導し

て調査分析や対応策の検討、実施などをするようになっています。このような組織を「**CSIRT（シーサート）**」といいます。

CSIRT は Computer Security Incident Response Team の略です。また、CSIRT は企業や組織レベルのもの以外に、国レベルの規模のものもあります。わが国でも国レベルの CSIRT は存在し、国際連携の窓口となっています。

不正侵入や攻撃はインターネット経由だけではない

ファイアウォールはインターネット経由の侵入や攻撃には有効ですが、それだけでは安心できません。

たとえば、オフィスで使っているノート PC を出張先に持っていき、出張先でも使ったとします。出張先のセキュリティ対策が甘かった場合、その PC がウイルスに感染するかもしれないですよね。ウイルスに感染した PC を社内のネットワークに接続すると、たちまち社内でウイルスが広まってしまうので、これをさけるためには、一旦外部に持ち出した PC をチェックすることが必要です。

そのときに使うのが「**検疫ネットワーク**」です。「検疫＝病原体に侵されていないか調べること」で、ウイルス感染の調査専用のネットワークのことです。きちんとチェックしてから社内のネットワークに接続すれば安心ですよね。

さらにコンピュータウイルスなどをまったく使わない侵入や攻撃も考えられます。どんなにウイルス対策をしっかりしていたところで、悪意のある人があなたのオフィスに入りこめたら、いろんな悪事を働くことができます。「人をだまして ID やパスワードを聞き出す」「オフィス内のゴミ箱をあさって重要な情報を入手する」など、ある意味古典的な手段です。このように人的手段で情報を入手したり悪用したりする手段を「**ソーシャルエンジニアリング**」といいます。

ソーシャルエンジニアリングを防ぐためには、机の上に資料を出しっぱなしにせず、キレイにしておくこと。離席する際にはパソコンの画面にロックをかけるなど、のぞき込まれないようにすることも大切です。このような対

テクノロジ

策を、「**クリアデスク・クリアスクリーン**」といいます。

> ## 指紋認証も完璧ではありません
> 生体認証／本人拒否率／他人受入率／多要素認証

　オフィスに関係者以外の人が入れないようにセキュリティチェックをしっかりすることも大事です。関係者だけが入室できるようにするためには、「入室する権利を持つ人かどうか」、適切に認証することが必要になります。

　人を判別する認証には、パスワードのような「人の知識を使った認証」、ICカードのように「モノを所有することによる認証」のほか、本人の指紋や静脈パターンを識別する「生体情報による認証」があります。

　生体情報による認証のことを、「**生体認証（バイオメトリクス認証）**」といい、指紋や静脈パターン以外にも、虹彩・声紋・顔・網膜の情報を利用するケースもあります。生体認証は、パスワードのように他人に盗み見られる心配はなく、ICカードのように紛失する怖れもありません。

　だからと言って、生体認証が万能な訳ではありません。というのも、わずかながら生体情報は日々変化しています。そのため、「本人が事前に登録した生体情報とどのていど一致したら、認証成功とするか」という問題が常につきまといます。

　認証成功とする基準を厳しくした場合、本人が認証したにも関わらず、他人と判断されてエラーとなる可能性が高くなります。逆に、基準を緩くした場合、他人が認証したにも関わらず、本人と判断されて認証成功となる可能性が高くなります。

　前者を「**本人拒否率**」、後者を「**他人受入率**」といい、この2つは一方を低く抑えれば、一方が高くなるという、トレードオフの関係にあるのです。

　以上のように、「知識」「所有」「生体情報」による認証はいずれも良し悪しがあります。そこで、認証の精度を高めるために「知識」「所有」「生体認証」のうち、複数の要素を組みあわせて使うようにします。たとえば、パスワードによる認証（知識）と指紋認証（生体情報）を組みあわせて本人確認すると、信頼性がさらに高まりますよね。

　このような認証方法を、「**多要素認証**」といいます。

コンピュータウイルスを防ぐには

よくニュースでも「**コンピュータウイルス**」の被害が報道されています。コンピュータウイルスに感染すると、コンピュータの中にあるプログラムやデータが破壊されるだけでなく、コンピュータがのっとられてほかのコンピュータを攻撃する事例も見られます。被害者が加害者となってしまうのです。業務の妨害どころか、企業全体の信用問題にもつながります。

たこ焼き屋チェーンならば、ネットショップのサーバはもちろん、社内LANに接続しているパソコンにもすべて、ウイルス対策ソフトを導入しなければなりません。

ただ、「ウイルス対策ソフトを導入すれば終わり」というわけではありません。日々新しいウイルスが出てくるので、その情報を反映させないと、ウイルス対策ソフトの意味がなくなるためです。新しいウイルスに対応するには、ウイルス情報の収録された「パターンファイル」を常に最新のものにしなければなりません。

あわせて、「万が一、ウイルス感染が疑われる」場合の対応について、以下のようなことを従業員に教育しておく必要があります。

● ウイルス感染が疑われるパソコンをネットワークから切り離す
● 自分で対応しようせず、必ずIT担当者の指示に従う

このような手順を徹底しないと、ウイルスの二次感染が起こり、被害が大きくなっていってしまいます。

コンピュータウイルスの種類

たこ焼き屋ネットショップの開発チームでは、さらにチームのセキュリティ対応能力を上げるために、定期的にチーム内で勉強会を開いています。

今日は新人向けの「コンピュータウイルスの種類について」というテーマです。ホワイトボードには、次のように書かれています。

テクノロジ

> コンピュータウイルスの定義：以下の性質を1つ以上持つもの
> ①自分のコピーを他のコンピュータに感染させる（自己伝染機能）
> ②感染後、おとなしくしている期間がある（潜伏機能）
> ③一定期間過ぎると、悪意のある行動を取る（発病機能）

うつす・潜伏する・発病する……まさに自然界のウイルスと同じでおそろしいですね。

以上が「狭義のコンピュータウイルスの定義」ですが、広い意味では、下記のようなプログラムもコンピュータウイルスに含みます。

コンピュータウイルス

それぞれプログラムは、以下のとおりです。

ワーム	直訳すると「虫」。コンピュータの中で自己増殖をくり返しながら、さまざまな行動をします。
トロイの木馬	便利なソフトウェアであることを装い、コンピュータ利用者に利用させ、裏で悪意のある行動を起こすプログラム。ギリシャ神話のエピソードから、このような名前がつきました。
マクロウイルス	ワープロソフトや表計算ソフトなどで、特定の手順を自動化する「マクロ」機能を利用した悪意のあるプログラム。ワープロや表計算のファイルを開かない限り、活動することはありません。

勝手に自己増殖したり、裏に隠れていたり、オフィスソフトに潜んでいたりと、これまた困った存在です。

さらに、コンピュータウイルス以外にも、悪意を持つプログラムはあります。そうした悪意を持つプログラムを総称して「**マルウェア**」と呼びます。

マルウェア

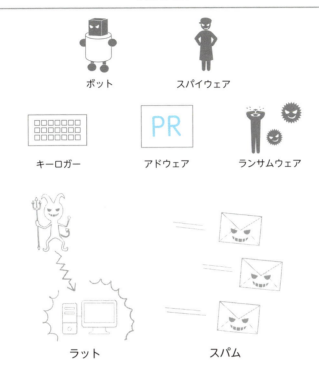

ボット	「ロボット」から生まれた言葉。第三者が他人のパソコンをウイルスに感染させたうえで自在に操り、スパムを大量に送りつけたりするとき、そのウイルス自体のことや、そのウイルスに感染したパソコンのことをさします。
スパイウェア	スパイのようにふるまうソフトウェアのこと。パソコンの中に潜伏し、利用者に気づかれないように、利用者の操作記録やデータを盗んだりします。
キーロガー	キー＝キーボード、ロガー＝記録する人の意味。利用者の入力するIDとパスワードを盗む目的でコンピュータ内部に潜むプログラムのこと。
アドウェア	強制的に広告を表示させるプログラム。ユーザーの意図に反して削除や非表示にできないものは、マルウェアの一種といえます。
ランサムウェア	ランサムとは「身代金」の意味。ユーザーのPCのHDD内容を暗号化するなどし、「表示されている送付先に送金しなければ暗号化を解除しない」などの脅迫をします。
RAT（ラット）	遠隔地から攻撃対象のプログラムの管理者権限を利用して、不正を働くツールのことです。おもに、トロイの木馬やバックドアを遠隔地から操作します。リモート・アドミニストレーション・ツールの略。
SPAM（スパム）	不特定多数に向けて大量に発信される迷惑メールや迷惑メッセージ。厳密にはマルウェアではないですが、とても迷惑ですよね。

テクノロジ

ロボット・スパイ・身代金……これらは、ますます高度化・凶悪化していますし、その種類は現在でも日々増え続けています。世界中の多くの方がインターネットを使うようになり、

「ネットを使って悪いことをやれば有名になれる、儲かる」

などと考えている悪い人が多くいるのです。そんな人たちの手口に乗らないように、ネットを使う私たちは十分に注意する必要があります。

暗号化のしくみを読みとく
共通鍵方式／公開鍵方式

　たこやき屋ネットショップでは、会員登録するときや商品を注文するとき、住所・電話番号やクレジットカードなどの情報を送信する必要があります。もし、それらがほかの人に知られたら大変ですが、インターネットはだれにでも解放された回線のため、悪意を持った人が盗聴しやすい環境といえます。
　そのため、データを盗み見られても、内容がわからないよう「暗号化」することが重要になります。
　暗号化は、以下の流れでおこなわれます。

- 平文（だれにでも内容がわかる元のデータ）を暗号にして、送り手が送信する
- 受け手が暗号を解いて、元の平文に戻して（これを「復号」といいます）、内容を確認する

　平文を暗号化するときと、暗号化されたデータを平文に復号するときには、鍵（プログラム）が必要になります。両方で同じ鍵を使う方法を「**共通鍵方式**」と呼びます。
　共通鍵方式はシンプルなため、処理が早いというメリットがある一方、次の2つの欠点があります。

● 初めて暗号化されたデータを送る相手に対し、復号するために鍵を送信しなければならない

  ➡ そのときに悪意のある者に鍵を盗まれてしまうと、以後の通信は筒抜けになってしまう

● データを交換する相手が複数いる場合、その相手の数だけ、鍵のペアが必要になる

共通鍵方式のイメージ

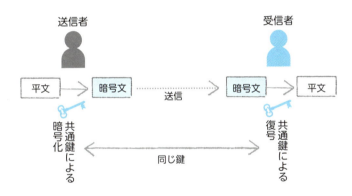

これらの欠点を補うために生まれたのが「**公開鍵方式**」です。

公開鍵方式では、暗号化するための「**公開鍵**」と、復号するための「**秘密鍵**」をペアにします。

データを受け取る側は、秘密鍵をだれにも知られないように管理しなければなりません。

そして、公開鍵を「自分宛てに暗号データを送信してくれる相手」に送付します。公開鍵は、「暗号化する」ためだけに使われ、暗号化されたデータを復号することはできません。そのため、悪意のある人に盗聴されても問題ありませんし、複数の送信者に同じ公開鍵を渡しても問題ないのです。

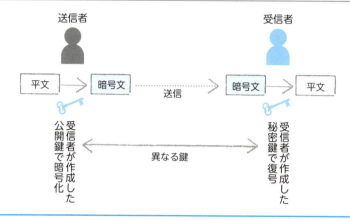

公開鍵方式のイメージ

送信者　受信者

平文 → 暗号文 ……送信…… → 暗号文 → 平文

受信者が作成した公開鍵で暗号化　←　異なる鍵　→　受信者が作成した秘密鍵で復号

いいとこ取りした暗号方式とは？
ハイブリッド暗号方式

　それでは、たこ焼き屋ネットショップは、共通鍵方式と公開鍵方式、どちらの暗号化方式を採用したのでしょうか？

　答えは、どちらでもありません。両方のいいとこ取りした「**ハイブリッド暗号方式**」を採用したのです。

　そもそも、共通化方式は「処理は高速だが、相手に共通鍵を渡す時に盗聴されるリスクがある」というものでした。一方の公開鍵方式は「相手に公開鍵だけ渡せばいいので、秘密鍵をネットワークに流す必要がなく、盗聴の恐れが少ないが、処理が複雑なため、時間がかかる」という特徴があります。

　そこで、ハイブリッド暗号方式では、「最初の共通鍵の送受信だけ公開鍵方式を使い、お互いが共通鍵を保有したら、共通鍵方式の利用を始める」という手法で暗号化通信します。これだと、安心して共通鍵を相手に渡せますし、その後は、高速な暗号化通信ができますね。

　まさに、両方のいいところをハイブリッドした方式なのです。

すべての通信を暗号化する
VPN

　たこ焼き屋チェーンの企業では、セキュリティを守るため、原則として自

宅など社外の PC から社内のネットワークに接続することを禁じています。しかし、技術者の長期出張の際など、どうしても社外から社内ネットワークにアクセスする必要があります。そんなとき、出張先の PC からたこ焼き屋チェーン本社のコンピュータまでのすべての通信が暗号化できたら安心ですよね。

それが「VPN（バーチャル・プライベート・ネットワーク)」という技術です。「仮想的な専用のネットワーク」という意味で、実際にはインターネットなどを経由して通信するのですが、前述のとおりすべての通信を暗号化します。

高速道路で渋滞に巻きこまれてしまったとき、パトカーなどの緊急車両が路肩を走っていくシーンを見かけたことがあると思います。VPN はインターネットのように誰もが使うネットワークにおいて「暗号化した専用の通路」をつくりますから、渋滞のときの緊急車両が走る場所と考え方が似ているかもしれません。

テクノロジ

丸ごと暗号化か、細かく暗号化か、どっちが安全？
ファイル暗号化／ディスク暗号化

たこ焼き屋チェーンの企業は、社内で利用するすべてのパソコンに暗号化の対応をしています。

以前は、社外秘のファイルだけ、パソコン利用者が自分で暗号化する「**ファイル暗号化**」方式を採用していました。しかし、忙しい営業マンが、毎回ファイルを暗号化するのをめんどうに思い、重要なファイルを暗号化せずに利用していたため「いかに、ラクに暗号化できるか」ということが社内の課題になりました。

その結果、ファイルごとに暗号化するのではなく、各人のパソコンのハードディスクを丸ごと暗号化する「**ディスク暗号化**」方式を採用することになりました。

ディスク暗号化では、パソコンにログインする時に暗号解除すれば、ふだんは暗号化されていることを意識せずにパソコンを利用できます。また、パソコンの利用を終わらせる時に丸ごと暗号化するだけで、情報を守ることができます。

この方式への変更は、忙しい営業マンに大変好評でした。

　なお、重要ファイルをメールに添付して送信する際など、ファイル暗号化も必要に応じて使っています。

> ### 相手が本物か偽物か、どうやって見分ける？
> ディジタル署名／PKI

ネットワークで情報をやりとりする場合、受け手としては

「データが改ざんされていないか？」
「送り手は本物か（悪意を持った者が、なりすましていないか）？」

が気になりますよね。

　現実世界では、「本人の署名」や「押印」などによって、本人が送信した文書であることを確認できますが、データの送受信ではそうはいきません。

　そこで使われるのが「**ディジタル署名**」。ディジタル署名では、データの送信者が「公開鍵方式」の鍵のペアを作り、自分は秘密鍵でデータを暗号化します。そして、受信側は、ペアの公開鍵のほうでデータを復合します。

「公開鍵で復号できたのなら、それを暗号化した秘密鍵を持つ者は、なりすましではないだろうし、データも改ざんされていないだろう」

という考え方です。

　しかし、そもそも「鍵のペアを作る段階で、すでに悪意のある第三者がなりすましている場合」も考えられます。このような場合のために、「配布されている公開鍵は、正規の送信者が作成したものだ」ということを証明する認証局（CA）というものがあります。

　「遺言状を書いたのがまちがいなく本人であることを証明するために、公証人役場で認証を受けなければならない」という法律があるのですが、それと同じイメージです。

　なお、ディジタル署名を含め、公開鍵暗号を用いた技術・製品全般をさす言葉として「PKI（Public Key Infrastructure：公開鍵基盤）」というもの

があります。暗号化は「盗聴」対策としては有効ですが、

「相手が本物か」
「中身が改ざんされていないか」

ということには対応できません。このようなことに対応するために、PKI は
整備されているのです。

> ## 通信を守る
> SSL ／ TLS ／ HTTP ／ HTTPS ／ WPA2

テクノロジ

　前節（ネットワーク）では「ネットワークがきちんと接続されるには、さ
まざまな約束事（プロトコル）に従う必要がある」ことを学びました。

　じつは、「暗号化」というのも、1 つの約束事です。たとえば、A さんが
B さんに暗号化して情報を送信する場合、

「自分（A）は、〇〇という方式で暗号化したから、あなた（B）はそれに
対応した方式で復号してくれ」

と 2 人が合意している必要がありますよね。

　そんな暗号化のプロトコルの中で、大変有名なものが「SSL ／ TLS」とい
うプロトコルです。厳密には、SSL の後継が TLS で、現在使われているも
のは TLS がほとんどです。しかし、SSL の名前が非常に有名なことから、
SSL ／ TLS と並列表示されることも多くなっています。

　SSL ／ TLS では「共通鍵暗号方式」「公開鍵暗号方式」「ディジタル署名」
など、ここまでで習ってきた数々の技術が取り入れられた、非常に信頼性の
高いプロトコルです。

　現在ではブラウザやメールソフトなど、ほとんどの通信アプリケーション
が SSL ／ TLS に対応していますから、あなたが特に意識しなくても、あな
たの通信は SSL ／ TLS によって守られています。

　試験では「暗号化のプロトコル」といえば「SSL ／ TLS」というぐらい定
番のものです。

なお、Web データをやりとりするプロトコルに「HTTP」というものがあります。これを SSL ／ TLS の技術を使って暗号化対応したものが「HTTPS」というプロトコルです。

　そのほか、無線 LAN の暗号化といえば「WPA2（Wi-Fi Protected Access 2)」という方式がよく使われます。あわせてチェックしてくださいね。

> **組織の情報セキュリティが適切か調べることも重要**
> 情報セキュリティ管理基準

　第 2 章で「システム監査」を学習しました。システム監査とは、「情報システムが適切な状態であるかどうか」を第三者がチェックするものでした。

　情報セキュリティにも同じような機能があります。それが「**情報セキュリティ監査**」であり、「情報セキュリティが組織として適切に取り組まれているか」をチェックします。

　情報セキュリティ監査制度の重要な文書に「**情報セキュリティ管理基準**」と「**情報セキュリティ監査基準**」があります。

「情報セキュリティ管理基準」は、監査を受ける側の企業や組織を対象にしており、監査における評価ポイントなどが記載されています。これを読んで、きちんと対策をしておきなさい、ということですね。

　もう一方の「情報セキュリティ監査基準」は、監査をする側のためのもので、監査人の実施すべき規範などが書かれています。

3-03

スマートフォンやパソコンの中身はどうなっている?

👉 あなたがふだん使っているパソコンやスマートフォンはどのように動いているのでしょうか?

　ここでは、コンピュータの特性から始まり、CPU・メモリ・ソフトウェアなど、パソコンやスマホの中身を理解するのに必要なことをざっと見ていきます。さほど難しいものではないので、先入観をなくして、気楽に読んでみてください。

テクノロジ

スマートフォンもパソコンも「入力」「出力」「記憶」「演算」「制御」でできている
コンピュータの5大装置／CPU

　あなたがネットショップでショッピングをする際、パソコンを使うでしょうか?　それともタブレットやスマートフォンを使うでしょうか?

　パソコンから商品を注文する場合、マウスで商品を選択したり、キーボードで数量を入力したりするでしょう。タブレットやスマートフォンであれば、タッチパネルで指を使って入力しますよね。

　いずれにせよ、必要な情報を入力して「注文確定」ボタンなどを押すと、コンピュータの中で処理され、「注文完了しました」などの確認メッセージが画面に表示されます。人によっては、注文内容を控えるために、確認画面をプリンタで印刷する人もいるでしょう。

　このように、あなたがコンピュータを利用するときには、必ず次の流れになります。

❶コンピュータに指示を伝える

❷コンピュータが高速に処理する

❸コンピュータが結果を表示する

コンピュータの 5 大装置

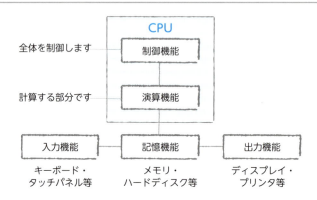

これはパソコンに限ったことではありません。スマートフォンもタブレットも、上図の 5 つの機能から成り立っています。

先ほどの例で見た、コンピュータに指示を伝えるマウスやキーボード、タッチパネルのことを「**入力機能**」といいます。また、画面やプリンタのように結果を出力する機能を「**出力機能**」といいます。

入力機能から入力された情報は、いったん「**記憶機能**」に保存されます。そして、記憶機能から情報が順番に「**演算機能**」に運ばれ、1 つひとつ計算されるのです。これら一連の処理は超高速でおこなわれます。

コンピュータには「**CPU（中央処理装置）**」と呼ばれる主要な構成部品がありますが、この CPU は演算機能と制御機能から成り立っています。

「**演算機能**」はまさにコンピュータの要で、人間の脳に相当する部分です。これはコア（核）とも呼ばれていて、今や、スマホでもコアを複数持つことがあたりまえになってきています。

複数のコアを持つ CPU を「**マルチコアプロセッサ**」と呼びます。特に、2 つコアを持つ場合を「**デュアルコア**」、4 つコアを持つ場合を「**クアッド**

コア」と呼びます。

　もう1つのCPUの機能である「制御機能」は、人間でたとえると「神経系」にあたるもの。入力機能・出力機能・記憶機能・演算機能の動作すべてを制御する役割を担っています。演算機能（人間の場合は脳）と制御機能（人間の場合は神経系）から構成されるCPUは、ホントに重要な役割を果たしている部品であることがわかりますね。

パソコンやスマートフォンは、じつは複雑なことが苦手

　コンピュータは「超高速」で「大量」のデータを「正確」に処理できるという特長があります。では、具体的にはどれぐらい高速なのでしょうか？

　たとえば人間の場合、1分間に何十回か脈を打っていますよね。その脈拍にあわせて、心臓が動いたり、血液が循環していたりします。コンピュータの場合、「**クロック周波数**」というものにあわせてコンピュータ全体が動作します。クロック周波数はよく「1GHz」といった形で表されますが、1GHzとは「1秒間に10億回振動する」ということ。この速度は人間とは比べモノになりません。

　ただし、コンピュータは人間と違って「自分で考えること」はできませんし、複雑なことも苦手です。その証拠に、コンピュータの内部では「1か0」だけという2進数で動いています。人間が普通に使う10進数は、コンピュータ内部では扱えません。人間が2進数で大きな数字を扱うと、桁が多すぎて直感的にわかりにくいですが、コンピュータはいくら桁が多くてもいい代わりに、シンプルなものしか扱えないのです。

記憶装置には2種類ある
メインメモリ／補助記憶装置

　コンピュータには、大容量のさまざまなプログラムやデータが保管されています。それらを保管する記憶装置の代表選手が「**ハードディスク**」です。

　ハードディスクは現在、ほとんどのパソコンに内蔵されていますから、パソコンにくわしくない人でも名前ぐらいは聞いたことがあるでしょう。このハードディスク、分類上は「補助記憶装置」と位置づけられています。なぜ

テクノロジ

「補助」なのかというと、ハードディスクから直接、CPU にデータを読み出せないからです。

　CPU からデータを読み書きするのは「**メインメモリ（主記憶装置）**」というものが担当します。つまり、データをやりとりするにあたって

　CPU　◄►　メインメモリ（主記憶装置）　◄►　ハードディスク（補助記憶装置）

という関係があるのです。

　どうしてこんな面倒なことをするかというと、ハードディスクは

- 大容量のデータを保存できる
- 電源を落としても記憶内容が失われない

というメリットがある一方、

- 読み書きの速度が CPU に比べて格段に遅い

というデメリットもあるためです。

　もし、CPU が直接ハードディスクに読み書きをしたら、何万倍～何十万倍の時間、毎回待たされてしまいます。

　そのため、CPU がデータを処理する際には、ハードディスクから高速なメインメモリにいったんデータを読み込んで、メインメモリと CPU の間でデータをやりとりします。CPU とメインメモリでもまだ数十倍～数百倍ぐらいの速度差があるのですが、補助記憶装置に比べたらメインメモリは圧倒的に速いのです。

　ただし、メインメモリは高速な一方で、

- ハードディスクに比べて高価であり、大容量化しにくい
- 電源を落とすと、記憶内容が失われてしまう（この性質を「**揮発性**」と呼びます）

といったデメリットがあります。そのため、ふだんデータを保管するのには
向かないのです。たこ焼き屋チェーン店でいえば、

- タコなどのよく使う材料は冷蔵庫から出して、たこ焼きを焼く鉄板のすぐ
  横に置く
- たまにしか売れない「ピザ風味たこ焼き」に使うチーズは、冷蔵庫に入れ
  たままで、注文が入ってから取りにいく

といったところです。鉄板の横にはあまりたくさんの物は置けませんが、よ
く使うものだけ、そこに置いておくと効率的ですよね。

記憶装置の読み書きの速度差をさらに埋める
記憶の階層化

前項で、記憶装置が以下のようになっていることを知りました。

CPU ⬅➡ メインメモリ ⬅➡ 補助記憶装置

しかし、CPUとメインメモリの速度差は結構ありますし、メインメモリ
と補助記憶装置の速度差も結構あります。
本来なら、すべてのデータを高速な記憶装置に保存できればいいのですが、
「記憶装置は高速なものほど高価」なので、そんなわけにもいきません。
そこで出てくるのが、「記憶装置の階層化」を進めようという考え方。具
体的には、CPUと主記憶装置の間に「**キャッシュメモリ**」というものを、
主記憶装置と補助記憶装置の間に「**ディスクキャッシュ**」というものを用意
します。
キャッシュメモリとは、主記憶装置よりも高速・高価なメモリです。
CPUが主記憶装置から最初にデータを読み込む場合、キャッシュメモリに
も同じデータが読み込まれます。そして、次にCPUが同じ情報にアクセス
しようとした場合、主記憶からではなく、キャッシュメモリから読み込むこ
とにより、アクセスの速度を上げます。ディスクキャッシュと補助記憶装置
の関係も同じようなものです。

キャッシュメモリ

1回目～初めて CPU に読み込むデータは、主記憶装置からキャッシュメモリにも読み込む

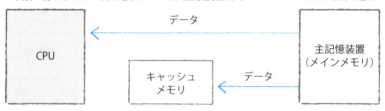

2回目～同じデータを再度読み込む場合、キャッシュメモリから読み込む

データをいっさい保存できないマシンで情報の流出を防ぐ
シンクライアント

　以前、たこ焼き屋チェーンの本社が、泥棒に入られたことがありました。営業部門のパソコンが何十台も盗まれたのですが、顧客情報など重要なデータは一切紛失せず、お客様にご迷惑をかけたり、信頼を失うことはありませんでした。じつは営業部門のパソコンには、重要な情報が流出するための対策として、ハードディスクが入っていないものを使っていたのです。

　なぜ、ハードディスクがなくても使用できるのかというと、「ネットワーク経由でサーバのデータにアクセスして、データはまたサーバに保管し、パソコンの中にデータを残さない」という手段を取っているからです。

　このように、データを内部に残さないようなしくみの端末を「**シンクライアント**」といいます。「シン」とは「薄い」という意味で、データが入っていないことを指します。「クライアント」は「サーバ」の対義語で、（さまざまなサービスを受ける）顧客という意味です。企業で一般従業員が利用する

パソコンは、クライアント PC ということになります。

　さらに最近では、個人用のデスクトップ環境をクラウド上に構築し、クライアント PC からインターネット経由でその環境にアクセスすることで、かんたんにシンクライアントを実現できるサービスも登場しています。

　このサービスを「DaaS」といいます。Desktop as a Service の略であり、日本語では「仮想デスクトップサービス」と訳されます。

ファイルを指定するときの2つの方法

　業務では非常に多くのファイルを扱います。そのため、フォルダをいくつも作成して、ファイルを分類するでしょう。その「フォルダ」という名称は、より一般的には「ディレクトリ」と呼びます。

　現在のパソコンのハードディスクは非常に大容量なので、「ファイルを使いたい」と思ったときに、「どのディレクトリに格納した何というファイルか」をコンピュータに指示してあげないと、そのファイルを利用できません。

　ファイルの場所を指定する方法は 2 種類あります。

●絶対指定

　必ず最上位のディレクトリから指定する方法です。これは「最寄の駅から目的地を説明する」方法に似ています。

　たとえば、たこ焼き屋両国店は、最寄の駅である両国駅から見て下図の場所にあります。

両国店の地図

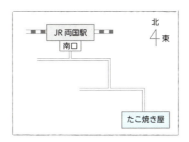

この場合、「両国駅南口から東に進み、角を曲がって、さらに交差点で東に進む」と説明するでしょう。

同じように、「A ディレクトリの 003.txt というファイル」を指定する場合は、下図のように書きます。

￥A￥003.txt

ここで、最初の「￥」は基点となるルートディレクトリを表し、2 番目にある「￥」はディレクトリまたはファイルの区切りを表しています。

ファイルの指定（絶対指定）

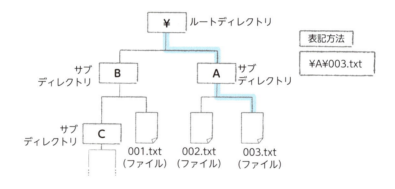

●相対指定

もう 1 つの指定方法が「相対指定」です。こちらは、「道に迷ったお客様から電話があった場合、そのお客様の居る場所から、正しい道順をご案内する方法」に似ています。

たとえばカレントディレクトリ（現在操作対象のディレクトリ）が B だとすると、003.txt の位置は以下のように示すことができます。

.. ￥A￥003.txt

ここで「..」は親ディレクトリを表しています。

ファイルの指定（相対指定）

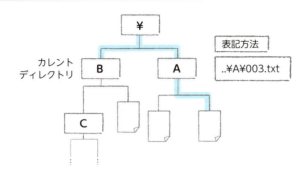

表計算ソフトでの「絶対」と「相対」の違いとは

「絶対」と「相対」の違いは、表計算でも出てきます。ここでは、たこ焼き屋各店舗で販売された「たこ焼き」と「たい焼き」の売上金額を、毎日、表計算ソフトで集計する場合をイメージしてみましょう。

各店舗の集計が書かれた表計算ソフトのワークシート

列C

	A	B	C	D
1	店舗	たこ焼き	たい焼き	売上
2	両国	40,000	20,000	60,000
3	月島			
4	秋葉原			
5	築地			

> 行1

入力されている計算式
B2+C2

> セルC2

上図にあるとおり、表計算ソフトでは、横方向の項目1つひとつを「列」と呼び、それぞれにアルファベットがつけられています。

また、縦方向の項目1つひとつは「行」と呼び「1」から始まる数字がつけられています。

テクノロジ

そして、それぞれのマス目を「**セル**」と呼び、図のように「C2 のセル」というような言い方をします。

　図の売上集計表ですが、両国店では以下のようになっていますね。

- セル B2 　➡　たこ焼きの売上金額である「4 万円」が書かれている
- セル C2 　➡　たい焼きの売上である「2 万円」が書かれている

　合計欄であるセル D2 には、セル B2 の内容とセル C2 の内容を合計したものを書く必要があります。

　ここで、セル D2 に「B2 + C2」と書くだけで、自動的にセル B2 とセル C2 の内容を合計した数字がセル D2 に表示されるようになります。

　なお、マイクロソフト社の Excel をお使いの方は、「=B2+C2」のように、「=（イコール）」をつける必要があるのではないか、と思うかもしれませんが、IT パスポートで問われる表計算では「=」は不要です。

　以上のように、セルの中に、ほかのセルの番地や計算式を書くことを「**参照**」と呼びます。

　続いて、両国店と同じように、月島店、秋葉原店、築地店にも合計金額を表示させましょう。

　このとき、セル D2 の内容を、セル D3・D4・D5 にコピーするとどうなるでしょうか。なんと、それぞれ「B3 + C3」「B4 + C4」「B5 + C5」と自動的に計算式が置き換わるのです。

　このように、セル内容のコピーにあわせて自動的に計算式を置き換えるような参照方法を「**セルの相対参照**」といいます。

セル D2 の内容を各セルにコピー（相対参照）

	A	B	C	D
1	店舗	たこ焼き	たい焼き	売上
2	両国	40,000	20,000	60,000
3	月島	30,000	20,000	50,000
4	秋葉原	60,000	40,000	100,000
5	築地	30,000	30,000	60,000

入力されている計算式　B2+C2

計算式が B3+C3 になる

計算式が B4+C4 になる

計算式が B5+C5 になる

コピー

　一方、下図のケースでは、セル C1 の番地が自動的に置き換わってしまっては困ります。この場合「C\$1」と記述すれば、セル内容を複写しても、セル番地は変化しません。「\$」を列番号または行番号の前に付けることにより、その番号は変化しなくなるのです。

　このようなセル参照の指定方法を「セルの絶対参照」と呼びます。

絶対参照

	A	B	C	D	E
1		営業時間	10		
2					
3	店舗	たこ焼き	たい焼き	売上	時間あたりの売上
4	両国	40,000	20,000	60,000	6,000
5	月島	30,000	20,000	50,000	5,000

複写後の計算式は D5/C\$1

計算式は D4/C\$1　※“/（スラッシュ）”は除算の意味

システムが安定して動くための工夫とは

スマートフォンの電池がすぐに切れてしまったり、フリーズしてしまったりしてもがまんすればなんとかなるかもしれません。しかし、情報システムはそうはいきません。システムが止まってしまったら、自分たちだけでなく、お客様にも迷惑がかかってしまうからです。

そこで、情報システムにはかんたんに止まらないようにする工夫が施されています。それらを見ながら、たこ焼き屋ネットショップを例に、「情報システムの中身」も覗いていきましょう。

システムを安全・安心に動かすための考え方
フォールトトレランス／フェールソフト／フェールセーフ

ネットショップに限らず、情報システムが障害などで停止すると、多大な影響が発生します。中には病院のシステムや交通のシステムなど、人間の生命に関わるものもあります。

とはいえ、「絶対に障害が発生しないシステム」は存在しません。たとえ、絶対に障害が発生しないシステムを作ることができても、そのためには膨大な費用がかかってしまいます。

そこで、「情報システムに障害が発生しても、より安全な方向へシステムを制御していこう」という考え方が出てきました。そのような考え方を「フォールトトレランス」と呼びます。「フォールト」とは「失敗・障害」という意味であり、「トレランス」とは「許容」という意味です。あわせて、「障害が発生しても、それを許容する（そして制御していく）」となります。

フォールトトレランスにはさらに2つの考え方があります。

●フェールソフト

飛行機のエンジンを思い出してください。大型のジェット機は、4つエンジンがありますが、3つ壊れても、残り1つだけで航行を継続できます。

このように「機能が低下してでも、なんとかシステム全体を継続させる」という考え方を「フェールソフト」と呼びます。

「フェール」とは「失敗・障害」という意味、ソフトは「柔軟」です。つまり、「障害が発生しても、柔軟に対応できるようにしよう」ということです。

●フェールセーフ

もう1つは、交差点の信号などに採用されている考え方です。

交差点の信号を制御しているシステムは、障害が発生すると「すべての信号が赤になって停止」します。もちろん、交通は混乱しますが、「信号が青の状態」で停止して、衝突事故などが発生することに比べればはるかにいいですよね。

このように、「障害が発生した際に、あらかじめ決められた、より安全な状態でシステムを停止させる」ことを、「フェールセーフ」と呼びます。

「セーフ」は「安全な」という意味ですね。つまり、「障害が発生したら安全な状態へ移そう」ということです。

> ### 人間は「ミスを犯す生き物」と考える
> フールプルーフ

「ミスを犯す」という意味では、情報システムよりも、人間のほうがタチが悪いかもしれません。

たとえば私は、Wordで原稿を書いていますが、ときどき保存せずに「×」（終了）ボタンを押してしまうことがあります。そのたびに、「まだ保存していません。保存しますか？」というメッセージが出てヒヤリとしますが、おかげでうっかり保存せずに終了してしまうことはありません。

このように、「人間がミスを犯すことを前提に情報システムを設計する」ことを「フールプルーフ」といいます。

フールプルーフは、直訳すると「バカ（な操作）にも耐える」という意味。まさに「ミスすることを前提している」という意味です。

2重化すれば信頼性が増す
デュプレックスシステム／デュアルシステム

「たこ焼き屋ネットショップのシステムがうまく稼働しない！」

そんなトラブルは、考えたくないかもしれませんが、十分起こりえます。

そんな事態に備える一番かんたんな考え方は、システム構成を2重にしておき、もし動かなくなったらもう片方を動かすことです。

「2重にしておく」といっても、通常使うシステム（主系）は1つで十分。もう1つの方（従系）は、システム構成は主系と同じでも、ふだんは月に1度の給与計算などに利用するのが効率的です。万が一主系に障害が発生した場合に、主系の代わりが務まればいいのです。

このように、システム構成は2重化しているものの、通常は主系だけで処理して、何かあった場合に従系で処理を継続するシステムを「デュプレックスシステム」と呼びます。

デュプレックスシステム

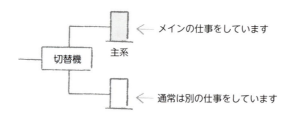

← メインの仕事をしています
主系

切替機

← 通常は別の仕事をしています

ただ、デュプレックスシステムにも問題はあります。従系のシステムの再起動などで、主系に障害が起きた場合、システムが使えるようになるまで、数分〜十数分のタイムラグが発生することです。たこ焼き屋ネットショップではそれでも十分なのですが、病院の生命維持装置など、わずか数分の停止が命取りになるシステムもあります。

そのような場合は、2系統のシステムを、どちらも完全に二重化して動かすことになります。そのようなシステム構成を「デュアルシステム」と呼びます。

デュアルシステム

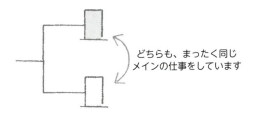

どちらも、まったく同じ
メインの仕事をしています

　デュアルシステムとデュプレックスシステムは、一概に「こちらを選べば
いい」といえません。デュアルシステムならば停止しなくなりますが、その
分コストもかかります。「システム停止による影響の大きさ」と「発生する
コスト」を天秤にかけ、最もバランスのいい構成にすることが必要なのです。

ハードディスクも2重化して高速化&信頼性向上を実現
RAID

　コンピュータのハードウェア機器の中で、ハードディスクは最も壊れやす
いものの1つ。データの読み書きをくり返しているうちに破損することが
あります。

　ハードディスクの破損に備えるには、複数のハードディスクを使うのが有
効です。複数のハードディスクを使って、アクセス速度や信頼性を高める技
術を「**RAID**（レイド）：Redundant Arrays of Inexpensive Disks（直訳
すると、安価なディスクを使った冗長な配列）」と呼びます。必ずしも効率
的にスペースを使っているわけではないのですが、安いディスクを使い、そ
の分信頼性や利便性を高めている、というイメージです。

　RAIDには、いくつかの種類があります。

　まず、複数のハードディスクにまったく同じ情報を書き込む方法を「ミ
ラーリング（RAID-1）」と呼びます。まさに鏡のように、複数のハードディ
スクに同じ情報を書き込むわけです。これで、1つのハードディスクが破損
しても別のハードディスクにデータが残っているので、信頼性が上がります。

　一方、ミラーリングでは、アクセス速度は1つのハードディスクに書き
込むのと変わりません。複数のディスクに、データを分割しながら書き込み

テクノロジ

を高速化する方法を「ストライピング（RAID-0）」と呼びます。ただしストライピングでは、アクセス速度は向上しますが、データを2重に格納していないため、信頼性は向上しません。

ミラーリングとストライピング

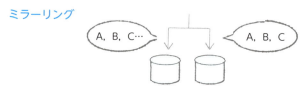

ミラーリング

複数のハードディスクにまったく同じデータを書き込みます

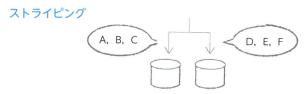

ストライピング

複数のハードディスクにデータを分割して書き込みます

　ミラーリングとストライピングは、それぞれ一長一短あるのですが、これらを同時に実現するのが「RAID-5」です。RAID-5では、複数のハードディスクに「データを分割して格納」しながら、一方で障害時の復旧情報（パリティ）を書き込むことで、信頼性とアクセス速度の向上を実現します。なお、RAID-5では、最低でも3台のハードディスクが必要となります。

RAID-5のしくみ

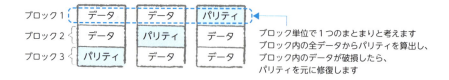

ブロック単位で1つのまとまりと考えます
ブロック内の全データからパリティを算出し、
ブロック内のデータが破損したら、
パリティを元に修復します

反応速度がいいだけではダメ
レスポンスタイム／ターンアラウンドタイム

たこ焼き屋チェーンでは、ネットショップの立ち上げにあたり、

「最初からそんなに多くのユーザーには宣伝せず、少数の方から使っていただき、評判がよければ、広告などでユーザー層を広げていこう」

という戦略を取りました。すると、スタート当初からシステムのレスポンスがよく、担当者は「ユーザーも満足だろう」と思っていました。

ところが、オープンしてすぐ、何人ものユーザーから以下のようなクレームのメールが届きました。

「会員登録の画面がわかりにくく、入力がめんどう」
「全部入力が終わって入力ミスがあると、すべてのデータが消えて、最初から全部入力しなければならない」

これらのクレームは、最後に「注文する」ボタンを押してコンピュータの処理が始まる以前の問題です。

コンピュータの性能というと、「情報を入力したあと、コンピュータの処理が始まって、処理が終わり、回答が戻りはじめるまで」と考えがちです。しかし、お客様にとっては、「データを入力しはじめて、完全にネットショップの注文が終わるまで（もっと言えば、注文した品が届くまで）」が重要です。

以上のうち、「純粋にコンピュータが処理をしている時間」を「**レスポンスタイム**」と呼びます。そして「お客様が入力を始めて、完全に回答を返し終わるまで」を「**ターンアラウンドタイム**」と呼びます。

お客様にとっては、システムの性能を向上させることだけでなく、ターンアラウンドタイム全体が短縮されることが望ましいのです。

テクノロジ

レスポンスタイムとターンアラウンドタイムの違い

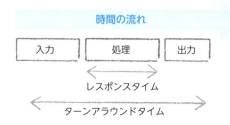

　システム会社に開発を依頼するときは、複数社に見積もりを依頼して、提案内容や価格を比較するのが一般的です。たこ焼き屋チェーンの企業も、ネットショップを制作する際、A 社と B 社、2 つのシステム会社に見積もりを依頼しました。

　両社から出てきたシステム開発の見積もりは、A 社の金額に対して、B 社は 1.5 倍高いものでした。しかし、A 社の提案には、以下の条件がありました。

「ネットショップの運用開始後、商品が追加されるたびに、追加作業を A 社に発注しなければならない（有償）」

　それに対して B 社は、初期費用は高いものの、以下のような条件でした。

「商品の追加は、たこ焼き屋チェーンの企業のスタッフが自分たちでできる（無償）」

　ネットショップでは、商品の追加は頻繁に発生します。試算をしたところ、ネットショップ稼働後わずか半年で、A 社のシステムのほうが、B 社より高価になってしまうことがわかりました。

このように、システムの総費用は、次のようにトータルで考える必要があります。

初期開発費用＋その後の運用・保守費用

この全体のコストのことを「TCO（Total Cost of Ownership：所有総コスト）」と呼びます。

最初に安く作っても、運用で修正に費用がかかったり、トラブルが多く発生したりすれば、かえってコストがかかります。たこ焼き屋チェーンの企業もTCOを考え、トータルで安くなるB社に発注することにしました。

> ## 適材適所で処理の形態を使い分ける
> 対話型システム／リアルタイム処理／バッチ処理

テクノロジ

一般的に、ネットショッピングはWebブラウザ上でしますよね。

ネットショッピングするときには、ブラウザ画面に「商品を選んでください」や「決済画面に移動しますか」など、操作のたびにメッセージが表示されます。ユーザーは、それに従って「YES」「NO」あるいは「続行」などのボタンをクリックします。このような処理形態は、コンピュータと利用者が対話しているように見えることから、「**対話型システム**」と呼びます。

たこ焼き屋チェーンの冷凍食品加工工場ならば、火を使うことや、細かい温度管理が必要な工程があります。目を離すと危険な作業ですから、工場が稼働中であれば、センサーがそれらの工程を絶え間なく監視し、火加減や温度に異常があった場合、すぐにアラームを流すなど、適切な処理をしなくてはなりません。このように、随時細かく監視をするような処理形態を「**リアルタイム処理**」と呼びます。

一方、従業員の給与計算のように、1ヶ月に一度など、たまにおこなえば十分な処理もあります。このように、ある程度のデータをまとめて処理する形態を「**バッチ処理**」と呼びます。

ネットショップは「表示」「データアクセス」「処理」の3つに分けられる

　ネットショップのシステム構成を、もう少しくわしく見てみましょう。

　ブラウザには、ユーザーに対して情報を表示したり、ユーザーからの入力を受けたりする役割があります。

　サーバには、以下の 2 つの役割があります。

- データベースにアクセスする
- データベースやユーザーから受け取ったデータを処理したり、ユーザーに出すメッセージを作成する

　以上、それぞれを「プレゼンテーション層」「データベース層」「ファンクション層」と呼びます。そして、これら 3 層からなる全体のシステムを「3層クライアントサーバシステム」と呼びます。

ネットショップのシステム構成

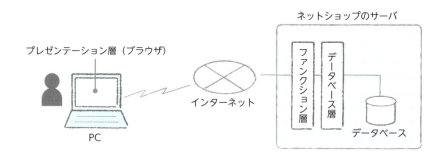

情報システムは「集中」と「分散」の2つに分かれる

　「Web システム」は「クライアントサーバシステム」の 1 つです。そしてじつは、クライアントサーバシステムは「分散処理システム」というシステム構成の 1 つです。

　分散処理システムは、その名のとおり、コンピュータの処理を、サーバと
クライアント（端末）で分担しているものです。ネットショップでは、端末
側のWebブラウザとサーバ側のシステムで、役割分担をしていました。

　一方、「分散処理システム」に対して、「集中処理システム」というものも
あります。これは、中央のコンピュータ（ホストコンピュータ）にさまざま
な処理をさせ、ユーザーが使う端末にはほとんど機能を持たせない方式です。

　集中処理システムは、銀行のATMネットワークのように、「計算（数字）
を一元管理する」ことが重要な場合によく使われます。エンジニアも、中央
のホストコンピュータに集中すればいいので管理がラクですが、一方で、ホ
ストコンピュータにトラブルがあるとシステム全体に影響が出ます。また、
アクセスが集中した場合、1ヶ所で処理しているので、処理速度が低下する
など、パフォーマンスに影響が発生しやすいという弱点もあります。

分散処理システム＞クライアントサーバシステム＞ Web システム

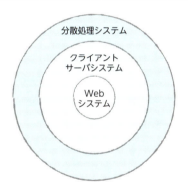

　分散処理システムは、オフィスのコンピュータのように、ネットワークに
つながっていながらも、1人ひとりの個別のパソコンで、ある程度の処理を
します。処理を分散しているので、どこかのパソコンに障害が発生しても、
全体に影響することは少ない一方、トラブルの発生時は対象が広い分、原因
究明や保守が複雑になります。

　このように、集中処理と分散処理は、それぞれメリットとデメリットがあ
ります。業務に合った形を選択するのがポイントです。

1つのサーバがあたかも複数の役割を持ったようにふるまわせる
仮想化

ネットショップをオープンするためにはさまざまなサーバを用意する必要があります。

- Web ページを公開するサーバ（Web サーバ）
- 商品データベースを稼動させるサーバ（DB サーバ）
- お客様の注文を処理するサーバ

しかし、たこ焼き屋ネットショップを立ち上げるにあたり、オープン当初はアクセス数は限られたものになる見通しです。そのため、1つのサーバの中に Web サーバだけなど1つの機能しか使わないとすると、CPU の処理能力や記憶装置の容量などにかなり余裕が出てしまいます。そうすると、あまった処理能力や記憶容量（これらをまとめて「資源＝リソース」と呼びます）を有効活用し、かつコストを抑えたくなりますよね。

そこで、実際には1つのサーバしかなくても、その内部を仮想的に分割して、「DB サーバと注文処理サーバ」など複数の機能を利用できたら便利ですよね。それを実現する機能を、「仮想的に、サーバが複数台あるように見せる」ということで、「仮想化」と呼びます。

さらに仮想化では「複数のサーバを、あたかも1台だけのように仮想的に使う」こともできます。非常に負荷の大きな処理をするときにはありがたいですよね。

このような技術のおかげで、仮想化においては、「必要なときに、必要なだけ CPU やメモリなどの資源（リソース）を利用する」ことができるようになったのです。

なお、仮想化には、次のような方式があります。

- メインの OS（ホスト OS）上で動く仮想化ソフトをインストールする「ホスト型」
- OS 不要で直接ハードウェアに仮想化ソフトをインストールする「ハイパバイザ型」
- 1 つのホスト OS 上に複数の独立空間を作る「コンテナ型」

また、仮想化と関連する項目として、以下も覚えておきましょう。

VM	コンピュータや CPU などの機能を真似て、まったく同じように動作するソフトウェアや動作環境のこと。
VDI	ネットワークを通じて、仮想的なデスクトップ環境を提供するシステムのこと。Virtual Desktop Infrastructure の略。

テクノロジ

3-05

多くのデータを
どのように管理すればいいか

「大量の情報を高速で処理できること」がITの最大のメリットです。テクノロジ分野の最後となる本節では、「大量の情報（データ）を処理するしくみ＝データベース」について見ていきましょう。

　まずはデータを安全に管理するために「データベースにはどんな工夫がされているのか」をおさえていけば、全体もつかみやすくなるはずです。

大量のデータを安心して扱うために
データベース管理システム／トランザクション処理

　ネットショップのシステムでは、会員様の情報、商品の情報、会員様から受けた注文の情報など、大量のデータを取り扱う必要があります。

　そのようなさまざまなデータを効率よく保管し、万一トラブルが起こったときには復旧できるようなソフトウェアが必要です。そのようなソフトを「データベース管理システム（DBMS)」と呼びます。

　ネットショッピングを考えると、システムが停止する以上に「やってはならない、まずいこと」があります。それは、「お客様のクレジットカードから引き落としをかけたにも関わらず、お客様の注文を受け付けていないこと」です。お客様がネットショッピング中にシステム障害が起こった場合でも、「カードの引き落とし」と「注文の受付」は、必ずセットで処理しなければなりません。もし、企業側で「注文の受付」ができなかった場合、確実に「カードの引き落とし」もキャンセルしないと、お客様に多大な迷惑をかけてしまいますよね。

　以上のように、「決して分割してはならない一連の処理」のことを、「トラ

ンザクション」と呼びます。データベース管理機能には、このトランザクションを問題なく処理する機能が含まれています。

大事なデータを守る「バックアップ」の3つの種類

　ネットショップで扱うデータは、どれも貴重なものです。ハードディスクの中に細心の注意を払って管理・保管しても、それだけでは不十分。ハードディスクが壊れる可能性もあるからです。

　万一のトラブルに備えるために、日々利用するデータの複製を、別の場所に保管しておくと安心です。これを「**バックアップ**」と呼びます。データを守るための基本といえます。

　毎日すべてのデータをバックアップ（フルバックアップ）するのが王道です。ただ、扱うデータは毎日増えていくので、バックアップも日ましに時間がかかるようになります。

　そこで、毎週日曜日にフルバックアップしたあと、月曜日は「月曜日に増えた分」、火曜日には「火曜日に増えた分」……と、その日に増えた分だけをバックアップすれば効率的ですよね。そのような方法を「**増分バックアップ**」と呼びます。

　単純に、バックアップにかかる時間だけを考えると、「増分バックアップ」のほうが短くてすむのですが、問題もあります。じつは、増分バックアップだと、復旧（リカバリ）するときに時間がかかってしまうのです。

　復旧の際、バックアップファイルを結合して1つにしなければなりません。たとえば、土曜日に「障害が発生」した場合を考えると、以下のように多くのファイルを結合させる必要があるのです。

❶先週の日曜日に実行したフルバックアップ
❷月曜日に実行した増分バックアップ
❸火曜日に実行した増分バックアップ

●
●

❻金曜日に実行した増分バックアップ

そこで役立つのが、以下のように2つのファイルの結合で済む「**差分バックアップ**」という方式です。

❶先週の日曜日に実行したフルバックアップ
❷月〜金曜日で変更した分をまとめて金曜日に実行した差分バックアップ

　差分バックアップは、増分バックアップほどバックアップにかかる時間は短くありませんが、その分復旧にかかる時間もさほど多くはありません。
　まとめると、表のように、それぞれ一長一短があります。

項目	日々、バックアップに かかる時間の長さ	万一のとき、復旧に かかる時間の長さ
フルバックアップ	×	○
差分バックアップ	△	△
増分バックアップ	○	×

> **データベースを復旧させる方法は2種類ある**

　データベースに障害が発生した場合、どのようにリカバリ（復旧）させるのでしょうか？
　前項で「バックアップの方法」を確認しましたが、じつはバックアップしたデータを元に戻すだけでは不十分です。
　たとえば、今日が土曜日だとしましょう。土曜日の午後に、データベースに障害が起きたとします。昨夜（金曜日の晩）に取得したバックアップのデータを使って復旧すると、「土曜日の朝から、障害が起きる直前」までのデータはなくなってしまいますよね。わずか半日分とはいえ、大切なお客様の情報や注文情報。なくしてしまうわけにはいきません。
　ではどうしているかというと、データベースが更新されるたびに、その前後のデータベースの状態をジャーナル（ログ）ファイルという形で、保存しています。そして、ハードディスクの破損などが起きた場合、最新のバック

アップ（金曜深夜の状態）＋更新後のジャーナルファイルを組み合わせて、
障害が発生した直前の状態を再現するのです。

　これを「ロールフォワード」と呼びます。バックアップの状態を起点にし
て「前方（フォワード）＝将来」の方向にデータを「巻き戻す（ロール）」
という意味です。

ロールフォワード

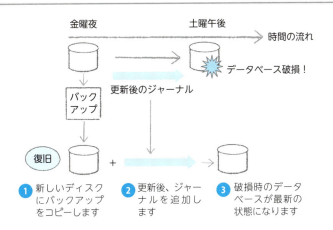

一方、ハードディスクの障害ではなく、データベースを更新したときに通
信障害などでうまく更新できなかった場合には、障害が発生したデータベー
スに更新前のジャーナルを組み合わせて、障害が発生した直前の状態に戻し
ます。これを、「ロールバック」と呼びます。直訳すれば「巻き戻す」とな
りますが、文字どおり、データを障害発生の直前の状態まで巻き戻す、とい
う意味です。

ロールバック

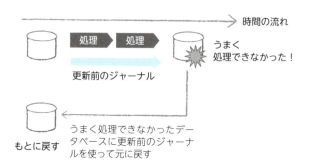

時間の流れ

処理 処理

うまく処理できなかった！

更新前のジャーナル

もとに戻す

うまく処理できなかったデータベースに更新前のジャーナルを使って元に戻す

管理しているデータの中身を見てみよう

ひとくちに「ネットショップで管理しているデータ」といっても、本当に多くの種類のデータがあります。「百聞は一見にしかず」ということで、たこ焼き屋ネットショップではどのような情報が存在するのかを見ていきましょう。

●会員表

まずは、ネットショップに会員登録したユーザーの情報です。

現在の情報システムでは、次ページの図のように表でデータを管理するのが主流です。この表を「**テーブル**」と呼びます。テーブルとは「表」を英語で表現したものです。

また、表の縦一列を「**フィールド**」、横一行を「**レコード**」といいます。

さて、表をよく見ると、1人ひとりのお客様は、横一行（レコード）単位で管理しています。Excel で住所録を作るイメージに近いですね。

そして、Excel の住所録では同一人物を2回以上記入しないのと同じように、データベースにおいても同じお客様のレコードが複数存在してはいけません。

そこで、それぞれのお客様の情報を見分けるために、「会員番号」の項目を使います。情報システムの内部では、「今回の注文は山田太郎さんから受

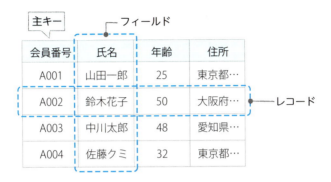

会員表

けた」ではなく、「今回の注文は会員番号が A001 の方から受けた」という
ようにデータ処理するのです。なぜなら、「山田太郎」という同姓同名の
ユーザーが今後現れないとも限らず、もし名前が重複したらどちらの「山田
太郎」さんの注文かわからなくなるからです。

　このように、それぞれのレコードを判別するために使う項目を「**主キー**」
と呼びます。

●**商品表**

　次に「商品表」を見てみます。商品表の主キーは、「商品番号」です。

　それと今回は、「生産工場表」という別のテーブルも存在します。よく見
ると、商品表の「生産工場コード」という項目と、生産工場表の「生産工場
コード」が接続されているのがわかるでしょう。

　これを「**リレーション（関連づけ）**」と呼びます。このリレーションこそ、
データベースと一般の表計算ソフトの最大の違いです。

　現在主流のデータベースは、このように「テーブルのリレーション」を多
用することから、「**リレーショナルデータベース（関係データベース）**」とい
われています。

　では、どうしてリレーションを使うのでしょうか？

　じつは、リレーションを使わなくても、商品表を作ることはできます。

商品表と生産工場表

商品表

外部キー

商品番号	商品名	価格	生産工場コード
B001	たこ焼き	500	K001
B002	たい焼き	300	K002
B003	チーズたこ焼き	500	K001
B004	大判焼き	400	K002

リレーション

生産工場表　主キー

生産工場コード	工場名	担当者	住所
K001	千葉工場	加藤	千葉県…
K002	埼玉工場	川田	埼玉県…

　次ページ上の商品表（リレーションを使っていないもの）をよく見てください。以下の2点に気づくと思います。

● 各レコードに、千葉工場または埼玉工場のデータがすべて結合されている
　➡ そのため、同じ内容がくり返し書かれており、記憶装置の容量を多くとっている

● もし千葉工場の担当者が変更になったら、千葉工場で生産している商品のレコードの「担当者」項目をすべて書き直さなければならない
　➡ そうなると非常に工数がかかるし、書き換えを忘れてしまうレコードが出てきて、データに不整合が発生してしまう可能性がある

　以上の理由から、リレーションデータベースの表はできるだけ内容のくり返しを避けるように表を分割します。このことを「正規化」と呼びます。

商品表（リレーションを使っていないもの）

商品番号	商品名	価格	工場名	担当者	住所
B001	たこ焼き	500	千葉工場	加藤	千葉県…
B002	たい焼き	300	埼玉工場	川田	埼玉県…
B003	チーズたこ焼き	500	千葉工場	加藤	千葉県…
B004	大判焼き	400	埼玉工場	川田	埼玉県…

● 注文表

続いて、注文表を見てみましょう。このテーブルの主キーは何でしょうか？　「注文番号」を見ると、同じ番号が入っているレコードが複数ありますよね。

じつは、たこ焼き屋ネットショップでは、お客様が一度に複数の商品を購入した場合、1つの注文でも、商品ごとにレコードが分かれるようになっているのです。そして、「どんな商品がいくつ購入されたか」は注文表の「明細番号」ごとに割りふられます。

以上より、「注文番号」＋「明細番号」を組み合わせたものが、ダブリなくレコードを指定できる主キーとなります。

このように、主キーは複数の項目の組み合わせから構成されることもあり、その場合は「複合キー」と呼ばれます。

注文表

主キー（複合キー）

注文番号	明細番号	受付日	会員番号	商品番号	個数
Z001	001	10/10	A001	B001	2
Z001	002	10/10	A001	B002	1
Z002	001	10/10	A004	B003	2
Z003	001	10/11	A003	B001	3
Z003	002	10/11	A003	B003	2
Z003	003	10/11	A003	B004	2

関係データベースのデータを操作する3つの方法

　たこ焼き屋ネットショップの会員表には、数十万人分の会員情報が登録されています。この中から、東京都内に住む方にだけお知らせメールを発信するためには、「都道府県」の列（フィールド）が「東京都」となっているレコード（行）だけを取り出す必要がありますね。このような操作をリレーションデータベースの「選択」と呼びます。

　また、商品表には、数千にもわたる商品のさまざまな情報が登録されています。それぞれの商品の「アレルギー物質の含有状況」を調べるには、すべてのレコード（行）のうち、「商品名」と「原材料」の列だけを抜き出す必要がありますね。このような操作を「射影」と呼びます。

　さて、ネットショップの商品表の中に、じつは商品の価格は含まれていません。価格は頻繁に見直されるので、別の表に分けて作られているのです。ですが、価格を含めた各商品の詳細情報の一覧がほしいことはよくあります。そのときにおこなわれるのが、「結合」と呼ばれる操作。その名のとおり、商品コードをキーに、2つの表の項目を結合させるのです。

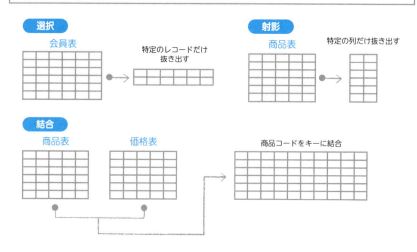

データ操作

　どのようなデータベースも、この3つを覚えておくだけで基本的な操作はできます。意外とシンプルですよね。

　以上でテクノロジ分野の全体像は終わりです。一見複雑そうな技術も、しくみを知ってしまえば「そういうことなんだ！」と納得できるものばかりではないでしょうか。

　これでITパスポートの全体像が把握できました。くり返しになりますが、細かいところは置いておいて、まずは全体のイメージをおさえることが重要です。
　ここまでを読み終えたら、時間を空けずに、あと2回読みとおしてみてください。3分野の全体像が、あなたの頭の中でおぼろげにでもイメージできるようになるはずです。

最小限の労力で
効率的に覚える
「ラク短」単語記憶術

　第3章までを学習してきたあなたは、IT パスポート試験を構成する3分野の本質や全体像を十分に理解できているはずです。しかし、それだけでは合格には及びません。詳細部分を補うために、出題される用語をおさえる必要があるためです。とはいえ、あとは時間をかけずに、1つひとつ知識を積み上げていくだけ。すでに3分野の全体像や本質をおさえていますから、新しい用語を吸収するたびに、あなたの頭の中で、どんどん新しい化学反応が起き、本物の血肉のような知識になることでしょう。

　用語の暗記において、最もつまずきやすいポイントは以下の4つ。

①無機質で覚えにくい英略語
②語感からは意味を想像できないカタカナ語
③数は少ないものの、非常に混同しやすい同音異義語
④バリエーションが多くややこしい分野の用語

　これらを徹底攻略した後、残りの「合格に必要十分な用語」を重要度の高いものから順におさえていきましょう。

　まずは最低限必要な用語のみ、高速でマスターしましょう！

第4章

4-01

無機質でわかりにくい英略語は「C」「E」「D」「M」「B」に注目してまとめて覚える

ITパスポート試験の用語を覚えるうえで最もやっかいなのが、無機質な英略語。そんな英略語も、「同じ頭文字から始まるもの」「同じ文字で終わるもの」などでグループ化すれば、攻略の糸口が見えてきます。

「記憶したものを思い出す」ためのとっかかりになるような説明を加えているので、普通に覚えるよりマスターする速度が断然早まるはずです。

以下の流れで略語を見ていきましょう。

- まずは頻出な英略語の多い「C」から始まるもの
- 続いて、3つだけある「E」で始まるもの
- 見覚えのあるディスクが出てくる「D」で終わるもの
- 関連して「M」で終わるもの
- 最後に「B」で始まるもの

「C」から始まる英略語は、頻出なものが多い

「C」から始まる英略語は頻出なものが多いので、しっかり覚えましょう。

役職で使われる場合は「Chief」の略になります。

CEO	Chief Executive Officer の略。企業の最高経営責任者のこと。
CIO	Chief Information Officer の略。企業の最高情報責任者のこと。

CIO は経営戦略に整合した情報システム戦略を企画・実施する責任を持っています。

　そのほかに「C」で始まる英略語は以下の4つ。CRMは第1章でも出てきましたよね。

　CMMIとCSSの「C」はちょっと難しい意味ですが、単語の意味からセットで覚えてしまいましょう。

CRM	Customer Relationship Management の略。企業全体で、お客様の情報を一元管理し、顧客満足度を高め、お客様との関係性を強化しようとする取り組みのこと。
CMMI	Capability Maturity Model Integration の略。企業が「どのぐらい、システム開発を高いレベルでおこなうことができるか」という成熟度を5段階のレベルで表した指標。Capability（ケイパビリティ）は「能力」、Maturity は「成熟度」という意味です。
CSS	Cascading Style Sheets の略。Web サイトの構造（スタイル）を指定するために利用します。Cascade は「小さな滝」の意味で、「段階的に処理する」というイメージになります。
CDN	Content Delivery Network の略であり、かんたんにいえば、「コンテンツを配信するために最適化されたネットワーク」のこと。現在、動画をはじめ、さまざまな大容量のコンテンツがインターネットからダウンロードされますが、CDN を使うことにより、大容量コンテンツをダウンロードしようとしているユーザーの一番近くにあるコピーサーバー（キャッシュサーバー）から、そのコンテンツをダウンロードできるようになります。これにより、特定のサーバーにアクセスが集中することを防いだり、ユーザー1人ひとりのダウンロード時間が短くなるなどのメリットがあります。

> **「E」で始まる英単語は「エンタープライズ」のイメージ**

　「C」の次は「E」。「エンタープライズ（全社的）」というイメージでとらえるといいでしょう。

ERP	第1章にも出てきました。企業の経営資源（人、モノ、金）の情報をトータルにみて、経営の効率化を図る活動のこと。日本語にすると「企業資源計画」です。
EA	Enterprise Architecture の略。企業全体が最適になるよう情報システムを構築していくための方法論、または考え方のこと。
E-R	Entity-Relationship の略で、「全社的な」という意味ではありませんが、システム全体のデータの関係性を整理するための図法です。直訳すると「実体と関係性」という意味。

E-R図

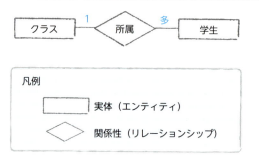

ちなみに、「ERP」に関連した単語に「MRP」があります。セットで覚えてしまいましょう。

MRP	Material Requirements Planning の略。「資材所要量計画」と訳され、企業の計画に従い、必要な資材や部品の量や発注時期を割り出していく手法のこと。ERP は、この MRP の発展形といわれています。スペルも似ていますね。

> **最後が「D」で終わる英略語は「ドライブ・ディスク」「デザイン・開発」「ID」の3つに分かれる**

最後が「D」で終わる英略語は3パターンに分けられます。

●ドライブ・ディスク

HDD、CD、DVD、SSD、SD カードなど多数の用語があります。その中でも特に最近普及している「SSD」はどんなものか、しっかりおさえましょう。

SSD	Solid State Drive。メインメモリ（主記憶装置）と同じような技術を使いながら、不揮発性（電源を切っても記憶内容が失われない）という性質を持つ、フラッシュメモリを用いたディスク装置です。ハードディスクとインターフェースなどが同じで、高価・高速であるため、特に高級機種のパソコンでハードディスクの代わりに採用されています。

なお、D で終わる英略語ではありませんが、DVD の後継規格である「Blu-ray」もあわせて覚えてしまいましょう。

Blu-ray	ブルーレイディスク。25 〜 50GB の大容量を記憶できる DVD の次世代のディスクです。

●デザイン・開発

デザイン（Design）、開発（Development）という「作る」イメージになる言葉は 2 つあります。

CAD	コンピュータ支援デザイン（Computer Aided Design）。コンピュータを利用して設計することです。建築設計・基盤の設計など、さまざまな種類があります。
RAD	Rapid Application Development。直訳すると「急いでアプリケーションを開発すること」。その名のとおり、開発ツールなどを利用して、時間をかけずにソフトウェアを開発する手法のことです。

●ID

最後は「ID」で終わる 2 つの用語です。RFID は、第 1 章でも出てきましたね。

RFID	Radio Frequency IDentification「電波による個体識別」の略で、「IC」タグとも呼ばれます。鉄道系の IC カード（JR 日本東の Suica、JR 西日本の ICOCA など）にも使われています。無線機能を持つ IC チップを使っています。
ESSID	無線 LAN の多数あるアクセスポイントの中から、自分が利用するものを指定するための ID。Extended Service Set ID の略です。

> ## 「M」で終わる英略語は「メモリ」か「マネジメント」

「M」で終わる英略語は、「メモリ」か「マネジメント」の 2 つに分かれることをおさえると覚えやすいでしょう。

●メモリ

前項「D」では、ハードディスクや DVD などの「補助記憶装置」がありきました。ここでは、2 つある記憶装置のうち、もう一方の「主記憶装置」に使われる「RAM」が出てきます。

現実的には、以下のように使い分けられていることが多いですが、この 2 つ、時間の流れの中で本来の意味が変わってしまった、ややこしい用語だったりします……。

- RAM（ラム）　➡　主記憶装置（DVD-RAM など一部例外あり）
- ROM（ロム）　➡　補助記憶装置

RAM	Random Access Memory の略。本来は「読み書きができるメモリ」という意味でしたが、最近は次項の ROM も読み書きできるものが多くなり、RAM だけの特徴ではなくなってきました。現在では、「電源を落とすと、記憶内容が失われる＝揮発性を持つ」メモリと定義されています。
ROM	Read Only Memory の略。本来は「読み出し専用のメモリ」という意味ですが、最近はフラッシュメモリのように、読み書きできる ROM も増えています。そこで、現在では「電源を切っても記憶内容が失われない＝不揮発性を持つ」メモリとして定義されています。

●マネジメント

「マネジメント」は「管理」と訳されますが、第1章で見たように、「PDCA」が大事なのでしたよね。マネージャーはガミガミ怒るだけなく、「計画→実行→チェック→修正」のサイクルをくり返すことが重要なのです。

CRM	前述のとおり。「お客様との関係」をマネジメントします。
TQM	Total Quality Management の略。全社的な品質改善の取り組みのこと。経営層が主導してマネジメントします。

「B」から始まる英略語はビジネス系が多い

「B」はビジネス（Business）の頭文字なので、ビジネス系の用語がちらほらあります。これを意識しておくと、用語の意味を問う問題で有利です。

BCP	事業継続計画（Business Continuity Plan）。災害や事故などが発生しても、事業が止まらないように、あらかじめ計画を立てておくことです。たとえば「会社の拠点を東日本と西日本に分ける」なども有効な措置です。第2章でも出てきました。
BCM	事業継続管理。BCP をマネジメント（管理）していくこと。
BPR	業務プロセス再構築（Business Process Re-engineering）。企業全体の仕事の流れを整理・見直しして、より合理的に業務プロセスを再設計し、コスト削減を実現します。
BPM	BPR をマネジメント（管理）していくこと。
BPMN	Business Process Modeling Notation の略であり、表記がかんたんでわかりやすさが特徴のビジネスプロセスの表記法のこと。人間がおこなう業務プロセスの記述に使われます。OMG という国際コンソーシアムで標準化が進行中。

あとは電子商取引（EC）でBから始まる英略語が2つあります。

B to B	企業間電子商取引（Business to Business）。より簡略化して「B2B」と書くことも。
B to C	企業と消費者の電子商取引（Business to Consumer）。一般的なネットショップがこれにあたります。

あわせて、電子商取引に関連する以下の単語も覚えてしまいましょう。

C to C	消費者同士の電子商取引（Consumer to Consumer）。インターネットオークションなどがあります。
EC	電子商取引（Electronic Commerce）のこと。
EDI	電子データ交換（Electronic Data Interchange）。企業間の取引において、電子データを交換するしくみのことです。

4-02

英略語をカテゴリ別に
まとめておさえる

👉 無機質な英略語は、単独で覚えるより、関連性のあるものをまとめておさえたほうが、記憶を想起する際のとっかかりになります。どのように関連しているのか、意識しながら覚えると効果的です。

標準化
ISOを中心に団体や規格をおさえよう

　標準化の団体は、世界規模のものが多くあります。標準化団体の親分格は「ISO」であることもチェックしておきましょう。「I」は「International」の略で「国際的」の意味ですが「IEEEだけは例外」です。

　「J」から始まるものは、日本を対象にした団体です。

ISO	正式には International Organization for Standardization。「国際標準化機構」と訳されます。世界中でモノやサービスが共通して使えるように、標準的な規格を作るのです。
IEC	電気および電子分野の標準化をおこなう国際団体。International Electrotechnical Commission の略です。
IEEE	電気・電子分野に関するアメリカの標準化推進団体。The Institute of Electrical and Electronics Engineers の略です。
W3C	ウェブで使われる技術の標準化を推進する団体。World Wide Web Consortium の略です。
JIS	Japanese Industrial Standards の略で、日本工業規格のこと。日本の工業製品の標準化を進める団体です。

ISO では、以下 3 つのマネジメントシステムが制定されています。マネジメントでは「PDCA を回す」ことが大切でしたね。そこで、特定の目的のために、企業が PDCA を回しながら管理する手法を標準（一般的な方法）にしたのです。

ISO9000	ISO で定められた「企業の品質管理」に関するマネジメントシステム。
ISO14000	「企業の環境管理」に関するマネジメントシステム。
ISO/IEC 27000	「企業の情報セキュリティ管理」に関するマネジメントシステム。IEC と共同で制定しています。

最後に、「団体」ではありませんが、標準規格である「QR コード」も覚えておきましょう。

QR コード	QR は Quick Response の略。縦横 2 次元の方向に情報を持たせたバーコード。QR コードを携帯やスマホで読み取ったことがあるのではないでしょうか。

 QR コード

> **システム開発**
> 「部品を組み合わせる考え方」と「設計図を書くための規則」

SOA と UML の 2 つだけです。掛け合いのゴロ合わせで攻略してしまいましょう！

「そお、あっという間に、部品の組み合わせで作るサービス指向アーキテクチャ」
「うむ。ロジカルに構造図を書こう」

SOA	Service Oriented Architecture の略で、「サービス指向アーキテクチャ」と呼ばれます。ソフトウェアの機能や部品を構成単位とし、それらを組み合わせて大規模なソフトウェアを時間をかけずに実現する考え方のことです。
UML	Unified Modeling Language の略。システム設計のときなどに、ソフトウェアの機能や構造を図で表すための規則です。

あわせて、UML で定義されている図の 1 つ、ユースケース図も覚えておきましょう。

ユースケース図	システムにアクセスする人（アクター）やシステムの機能（ユースケース）などの記号を使って、システムの全体像を図示したもの。

ユースケース図

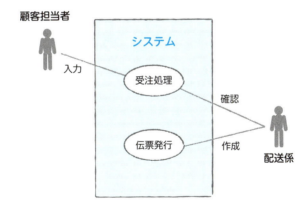

グラフィック
アナログからデジタル、そしてバーチャルな世界へ

ディスプレイ接続のためのインタフェースが 3 つ。RGB ⇒ DVI ⇒ HDMI

と進化してきましたが、RGB は現在でも根強く残っています。

RGB	アナログで信号を送るための映像用のインタフェース。パソコンで外部ディスプレイを接続するために使われます。Red、Green、Blue の略です。
DVI	ディジタルで映像を伝送するインタフェース。HDMI の登場で、あまり使われなくなってきています。Digital Visual Interface の略。「D =ディジタル」ということです。
HDMI	コンピュータにディスプレイなどを接続するための映像用のインタフェース。ディジタルで信号を送り、著作権保護機能を持っているものが一般的です。High-Definition Multimedia Interface の略。こちらの D は「鮮明」の意味ですが、イメージをつかむだけなら「D」がつくものはデジタル、と覚えておいても大丈夫です。

　昔は編集作業といえばアナログ（手作業）でしたが、現在ではすべてパソコン上で完結します。「どっとページ編集ができる DTP」と、「えー、あるある、スマホのカメラで拡張現実 AR」と覚えましょう。

DTP	パソコン画面上で出版物のデザインなどをして、完成したデータを印刷会社に送る、一連の編集業務をパソコン上で完結してしまう方法。DeskTop Publishing の略。
AR	スマホなどのカメラに映し出した現実の映像にバーチャルな情報を重ねて、より豊富な情報を提供したり、楽しい体験をユーザーにさせたりする技術。Augmented Reality の略で、「拡張現実」と訳されます。

通信規格
有線・無線に分けてポイント整理

　パソコン・スマホをデジカメやケータイなどと接続するための代表的な規格ばかりです。有線のもの、無線のものに分けて、一気に覚えてしまいましょう。

　まずは有線の規格を 2 つ。スマホやデジカメでも使われ、今や「通信規格の王様」ともいえる USB と、映像に強い規格のイメージがある

IEEE1394 です。

USB	Universal Serial Bus の略。「ユニバーサル」とは「万能の」という意味ですが、その名前のとおり、さまざまな用途で使われる接続インターフェースです。最新の USB3.2 では、20Gbps という高速転送にも対応しています。ハブ（集線装置）を使えば127台という多数の機器を接続できるのも魅力。
IEEE1394	前述の標準化組織・IEEE が制定した、コンピュータや情報家電を接続する規格。FireWire や i.Link、DV端子などの名前で聞いたことがあるかもしれません。最大で63台の機器を接続できます。

　続いて、無線の規格を2つ。「障害物に影響されやすいか？」がポイントになります。

　Bluetooth は電波を使うので、ケータイのように障害物があっても通信できます。「ブルー⇒青信号で（障害があっても）進める」と覚えましょう。

　一方の IrDA は、赤外線。テレビのリモコンのように障害物があると通信できません。「赤外線⇒赤信号で（障害があると）止まる」と覚えましょう。

Bluetooth	無線の規格。パソコンとワイヤレスマウス、ワイヤレスキーボードなどの周辺機器を接続します。
IrDA	赤外線通信のこと。携帯電話同士でメールアドレスを交換する際にも使われています。

ネットワーク
プロトコル、便利技術、メール拡張をおさえよう

　ネットワークは広い範囲を扱うため、覚える用語も多いですが、いくつかに分けて1つずつおさえていきましょう。

●プロトコル

　まずはプロトコル。「NTP のTは"時計"のT」と覚えましょう（本当はTIME ですが）。

IMAP4 は、メール受信が便利になるので、「POP3 よりワンランク上の
メール受信」と覚えましょう。

NTP	インターネット上から、正確な時間情報を取得し、コンピュータの内部時計の時刻を正確なものにするプロトコル。Network Time Protocol の略。
IMAP4	メール受信用のプロトコル。第3章でみた POP3 と違い、IMAP4 は、まずメールサーバから受信メール一覧をダウンロードし、どのメールを受信するかを選択できます。

● Web を便利に使う技術

続いて、「Web を便利に使う技術」で 2 つ。

Cookie は、「Web サイトからクッキーをもらえば、おいしく利用でき
る」と 3 回唱えましょう。

RSS は「あらっ！すごいサマリー」と、こちらも 3 回唱えましょう。必
ず口に出して唱えてください。

Cookie	ユーザーが Web サイトを訪問したときに、Web サイト側がユーザーのパソコンの中にデータを一時的に書き込む技術。たとえば、ユーザーに Web サイト固有の番号を書き残しておけば、そのユーザーが再度 Web サイトを訪問したとき、前回に引き続いてサービスを提供できるなどのメリットがあります。
RSS	Web サイトの要約情報を配信するためのフォーマット。更新情報を知りたい Web サイトを「RSS リーダー」というソフトに登録しておけば、RSS リーダーを開くだけで、サイトが更新されたかどうかがわかります。

●メール拡張

続いて、メールを拡張する規格を 1 つ。じつは、この規格ができる前は
E メールはテキストだけしか送受信できなかったのです。

MIME の正しい読み方は「マイム」ですが、ここではローマ字読みで「見
目（みめ）麗しいメール拡張」と 3 回唱えましょう。

| MIME | メールの機能を拡張するための規格。たとえば、MIME に対応していないメールソフトで添付ファイルは送れません。Multipurpose Internet Mail Extensions の略。 |

●機器

最後に、ネットに接続する機器を 1 つ。ネットワークに接続して便利に使える「<u>ナッ</u>トクの<u>ス</u>トレージ　→　ナス（NAS）」と覚えましょう。

| NAS | ネットワークに接続して使うタイプのディスク装置（ファイルサーバ）。Network Attached Storage の略。 |

情報セキュリティ
悪事を働く手段

ここでは、以下の 2 つだけ覚えましょう。

| ガンブラー | ガンダムのプラモデルではありません。Web サイトを改ざんし、閲覧するだけでウイルスに感染させる行為。イメージとしては「プラモデル屋の Web サイトを閲覧し、何も購入せずにガンダムのプラモデルを見て回っただけで、ウイルスに感染した」という感じです。 |
| ファイル交換ソフトウェア | あるユーザと別のユーザのパソコンを直接結び、ファイルを交換できるソフトウェア。本来は便利に使えるソフトウェアのはずですが、著作権違反の使い方をしたり、大量のファイルが誤ってインターネット上に流出したりと、さまざまな問題を引き起こしています。 |

4-03

意味が想像しにくいカタカナ語を対比して覚える

　漢字の場合、初見でも「へん」や「つくり」を見て意味を類推できることが多くあります。しかし、カタカナ語や英略語の場合、パッと見ただけでは意味が想像しにくいものも多いですよね。

　ITパスポートに出てくる用語も、意味が想像しにくいカタカナ語が多くあります。しかし、中には2種類のものを対比しながら覚えるとグンとわかりやすくなる用語もあります。

　ここでは、そのような用語を見ていきましょう。

データ構造
キュー／スタック

　データ構造とは、データを格納する方法のことです。ここでおさえておきたいのが、「キュー」と「スタック」。

　キューは、「銀行の窓口に並ぶ列」のイメージ。

　スタックは、「エレベーターに最後に乗った人は、重量オーバーのブザーが鳴ったら降りなければいけない」という感じでとらえてみてください。

キュー	プログラムにおける「データ構造」の1つで、「先入れ先出し法」ともいわれます。最初に入れたデータから行列を作り、自分が処理をされるのを待ちます。
スタック	プログラムにおける「データ構造」の1つで、「先入れ後出し法」ともいわれます。キューの正反対。

キューのイメージ

スタックのイメージ

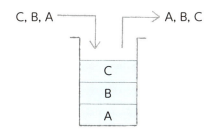

入出力インタフェース
シリアルインタフェース／パラレルインタフェース

周辺機器をパソコンにつなぐために必要なのが USB などのインタフェースです。

これらは「シリアル（直列）」と「パラレル（並列）」の2種類に分かれています。シリアルと言っても、朝ゴハンではありませんので注意してください。

シリアルインタフェース	シリアル＝直列。1本の信号線だけを使い、その中に次々と信号が送られます。
パラレルインタフェース	パラレル＝並列。複数の信号線を使い、同時にいくつもの電気信号が発信されます。

パラレルのほうが効率的に思えるかもしれませんが、じつは「複数の信号が互いに干渉する」という弱点があり、高速化しにくいという弊害があります。そこで近年は、シリアルインタフェースが主流となっていて、USB や

IEEE1394 などもシリアルインタフェースです。

　フロントと言えば「前」、バックと言えば「後ろ」。セットで「前後」となりますが、何の前後かと言えば、「工程」の前後のことです。

フロントエンド	直訳すると「前工程」。情報システムでは、ユーザーと直接やりとりをする機能。あるいは、そのような役割を持つシステムのことです。
バックエンド	直訳すると「後工程」。情報システムでは、フロントエンドからの指示を受けて、処理をしたり、記憶装置に情報を出し入れしたりする機能。あるいは、そのような役割を持つシステムのことを指します。

　上記と同じ情報システムの分類ですが、今度は英略語を対比で覚えましょう。

SoR	Systems of Record の略。従来からある基幹システムのように、データを正確に記録・保管する役割を持つシステムのことです。
SoE	Systems of Engagement の略。顧客との関係性を深めるような役割を持つシステムのこと。直接ユーザーと接触できるスマートフォンのアプリや SNS などが該当します。

4-04

まったく同じなのに
意味が異なる3つの用語をおさえる

👉 たった 3 つだけですが、1 つの用語でまったく異なる 2 つの意味を持つ単語があります。これらをあいまいにしているとややこしいので、短時間できっちり理解してしまいましょう。

MBO

●経営陣による事業買収【分類】ストラテジ（経営戦略手法）

M ＆ A の手法の 1 つで、Management BuyOut の略。株主（オーナー）ではない経営陣が、資金を調達して株主から会社の株式を買い取り、自分たちの会社とすることです。

●目標管理制度【分類】ストラテジ（経営・組織論）

Management By Objectives の略。上司と部下がいっしょに部下の目標を考え、部下がコミット（納得）したうえで、その目標の達成度を人事評価の対象とする制度です。部下は「自分で決定した目標」なので言い訳ができず、「やらされ仕事」ではないのでモチベーションも上がります。

ベンチマーク

●トップ企業の経営と自社を比較する【分類】ストラテジ（経営戦略手法）

業界トップ企業のビジネスのやり方を調査・分析したり、自社と比較したりして、自社の経営に活かすこと。「ベンチマーキング」とも呼ばれます。

●コンピュータ（CPU）の性能を測る【分類】テクノロジ（システムの評価指標）

　システムの性能を評価する専用のソフトウェアを使い、同じ条件で、いくつもの項目をテストして、個々のシステムの性能を測定すること。「ベンチマークテスト」とも呼ばれます。

> ## リーン生産方式／リーンスタートアップ

　この2つはまったく関連がないわけではありませんが、同じ名称で内容は異なりますので、あわせて覚えましょう。

●リーン生産方式【分類】ストラテジ（エンジニアリングシステム）

　生産プロセスを徹底的に効率よく管理することで、従来の大量生産と同等の品質を確保しながらも、時間やコストを削減できる方式です。トヨタ生産方式を研究して一般化したもの。

●リーンスタートアップ【分類】ストラテジ（技術開発戦略・技術開発計画）

　最小のコストと時間で、最低限の商品・サービスを顧客に提供し、顧客のニーズを探り当てる起業の方法論のことです。
　「リーン生産方式」から名づけられました。

4-05

バラエティの多い分野の
頻出用語を一気に攻略

👉 ほかにも覚えるべき用語はまだまだたくさんあります。ただ、1つひと
つ機械的に覚えるのは得策ではありません。

コツは、「同じカテゴリで関連する用語」をまとめて覚えていくこと。
セットでおさえていくことで、記憶の想起に役立つ「とっかかり」が生ま
れます。一気にカタをつけましょう！

記憶術

法規
「何から、どんな権利を守るのか」をおさえれば、たちどころにわかる

「法律って難しい文章が多くて苦手だ」

そんな風に考えていませんか？

しかし、法律はすべて「ズルをしようとするモノから正当な権利を守る」
という点で一致しており、とても心強い味方なのです。それぞれの法律に
よって「どんな権利を何から守るのか」は異なりますが、そのことを「法の
精神」と呼びます。

法律をマスターする近道は、まずは「法の精神」をおさえること。IT パ
スポートで問われる法律知識は、それだけで十分対応できます。

まずは産業財産権。第1章で、産業財産権は「特許権」「実用新案権」「意
匠権」「商標権」の4つから構成されていることに触れましたが、覚えてい
ますか？　ここでは「ズルいライバル会社などから、自社の仕事のやり方や
ブランドを守る」ことがポイントです。

特許、商標に関連する次の3つをおさえましょう。

ビジネスモデル特許	ビジネスの方法、つまり「儲けのしくみ」に新規性や独創性がある場合に保護する。
トレードマーク	商品を特徴づけるマークやロゴなどのこと。よく（TM）という印がついています。
サービスマーク	サービスの商標のこと。

　権利といえば、ソフトウェアの購入はプログラムそのものを購入しているのではなくて、「使用権」を購入しているだけなのをご存じでしょうか？ですから、私的利用以外の目的でコピーすると違法になってしまうのです。

　そういった取り決めをまとめたものが「使用許諾契約」です。一般にソフトウェアは「開発費が莫大であっても、複製はかんたんにできる」特徴があります。そのため、「違法コピーをしようとするズルいユーザーから、メーカーの権利を守る」契約を交わすのです。

使用許諾契約	メーカーとユーザーの間で結ばれる、「ユーザーがプログラムを使用すること」を認める契約。

　違法行為があっても、事実を隠ぺいされてしまっては問題ですよね。透明性の高い健全な企業を育成するためには、「通報・報告」の制度が必要です。ポイントは以下になります。

● 不正な企業の仕返しから告発者を守る
● 業績をよく見せよう（＝粉飾決算）とする企業から株主を守る
● 無駄な税金を使っている官庁から市民を守る

公益通報者保護法	「公益通報者」とは「公共の利益になるような通報をした人」という意味。企業の不正や法令違反を、社内外問わず通報した人のことを指します。そのような人が企業から不利益な取り扱いをされないように定められた法律。

内部統制 報告制度	内部統制ができていることを報告する制度。上場企業に義務づけられている制度で、経営者が作成した報告書を、公認会計士などの監査証明のうえ、内閣総理大臣あてに提出させます。上場企業の財務諸表の正確性などを遵守させるのが目的。
情報公開法	行政機関などに情報公開を求める権利についてまとめた法律。

電子マネーや暗号資産など、さまざまな通貨・金融商品から消費者を守る法律を2つほど。

資金決済法	電子マネーやプリペイドカード、現金の送金、暗号資産の取引などを扱う事業者（銀行を除く）を規制し、消費者を保護するための法律。
金融商品取引法	消費者保護を目的として幅広い金融商品を対象に必要な規制をする法律。

資源を有効活用して、環境を守る法律です。

リサイクル法	資源、廃棄物の分別回収や再資源化、再利用などについて決められた法律。パソコンリサイクル法は、パソコンメーカーにパソコンの回収を義務づけています（ただし、回収の費用負担は顧客である点がポイント）。

最後は法律そのものではありませんが、労働基準法の関連から2つ。どちらも「労働時間」に関係するものです。

「ちょっとうれしいフレックスタイム」
「残業してもお金が増えないちょっぴり残念な裁量労働制」

と覚えましょう。

記憶術

フレックス タイム	直訳すると「柔軟な時間」であり、「柔軟な勤務時間制」のこと。一定期間内（1ヶ月以内など）の総労働時間を定めたうえで、従業員は自らの判断で、日々の勤務開始時間・終了時間を決定できます。
裁量労働制	仕事の具体的な進め方や時間配分を、従業員の裁量に委ねる労働形態。仕事の内容に応じて「〇時間働いたことにする」というみなし労働時間を定めます。

　そもそも、労働基準法は「立場の強い企業から、立場の弱い労働者を守る」という考え方でした。そういう意味では、裁量労働制は「時間に縛られず、結果を出した労働者に報いる」ことが目的なのですが、それを逆手に取り、「いくら仕事をさせても、一定額しか給料を支払わない」という企業があって、よく問題になっています。いわゆる「ブラック企業」というやつです。就活生の方は注意しましょう。

オープンソースソフトウェア（OSS）
ジャンル別に代表例をおさえよう

　「オープンソースソフトウェア（OSS）」とは、「だれでも自由に使えるように、ソースコードとともにオープン（公開）とされているソフトウェア」のことです。

　だれでも OSS を自由に使えるほか、ソースコードの改良も許可されています。一方で著作権は放棄されたわけではない、ということに注意してください。ソースコードを改良した場合は規約にしたがって、その改良ソースコードも公開しなければなりません。

　現在、次のようにさまざまなジャンルで、たくさんの OSS が活用されています。

OSS の種類

ジャンル	OSS の例
コンピュータ用 OS	UNIX、LINUX
スマートフォン用 OS	Android
インターネットブラウザ	Firefox
メールソフト	Thunderbird
オフィスソフト	OpenOffice
データベース管理システム	MySQL
Web サーバプログラム	Apache

文字コード
古い順にゴロ合わせで覚える

　パソコンやスマホで表示されるすべての文字は、じつはコンピュータ内部で 2 進数の番号がわり当てられています。

　というのも、コンピュータは 0 と 1 の 2 進数しか扱えないから。ということで、「どの文字が何番であるか」という一覧表が必要なのですが、これを「**文字コード**」といいます。

　覚えておきたい文字コードは次ページの表の 4 種類。下にいくほど新しい規格です。とはいえ、どのコードもまだ現役で使われています。

英数字 ➡ ワークステーション用 ➡ 日本語対応 ➡ マルチ言語

の順なのですが、ゴロ合わせで

アイ・ジス・ユー

と 3 回唱えておきましょう。

ASCII コード	1バイトで英数字を表す文字コード。最も古いものです。
EUC	拡張 UNIX コードの略。2バイトの文字コード。
JIS コード	日本工業規格（JIS）が制定。2バイトの文字コード。
Unicode	世界中の言語を1つのコード体系で表す文字コード。最初は2バイトでしたが、文字の種類が多いため、3バイト・4バイト……と、どんどん膨らんできています。

プログラミング言語
ガンダムで理解

ガンダムの物語をイメージしてゴロ合わせで覚えましょう。

- マシン語の歴史は、0と1から始まった
- 量産型コボル（ジム＝事務だから）は、あまり強くない
- 世の中に広く知られたシャア（C）大佐の専用モビルスーツ・ジャバ（Java）は、Web 公国軍のエース
- 軽くて素早いプログラミングができるスクリプト言語はニュータイプ級パワーアップしているから P が付く (Perl ／ PHP)
- SQL の「Q」は「キュベレイ」の「Q」。ネオジオンのデータベースにアクセスできるぞ！

機械語 （マシン語）	コンピュータが解読できる0と1だけで作られた言語のことです。人間にとっては非常に読みづらいので、普通は理解しやすいプログラム言語でプログラムを書き、それを機械語に翻訳します。
COBOL （コボル）	古くからある事務処理ソフトウェア作成用の言語。金融関係の古い大型コンピュータなどでよく使われています。
C	現在最も普及しているプログラミング言語です。もともとは、サーバ用 OS として広く使われている「UNIX」の開発用言語でした。

Java	Webシステムでよく使われます。Javaで作成したプログラムは、どのOSやCPUでも動作するのがメリット。過去問では「Javaアプレット」が出題されました。これは、「Webサーバからダウンロードして、クライアント（パソコン）側で動作させるJavaプログラム」のこと。あとで出てくる「オブジェクト指向」の言語の代表選手です。
スクリプト言語	プログラムを機械語に翻訳することなくかんたんに動作させることを目的とした言語。Webでよく使われるスクリプト言語にPHP、Perlなどがあります。
SQL	Structured Query Languageの略であり、データベースを操作したり、制御したりする言語（スクリプト）のことです。

コンピュータがそのまま読めるのは機械語だけです。Cなど、その他の言語で書かれたプログラムは、機械語に翻訳することが必要です。翻訳ツールにはいくつか種類があるのですが、「コンパイラ」をおさえておけば大丈夫でしょう。

コンパイラ	人間の書いたプログラムを一括して機械語に翻訳するソフトウェア。

圧縮技術とマルチメディア
圧縮の種類とデータの用途がポイント

圧縮技術は、メールでファイルを添付するときや、画像ファイルなどで利用されており、毎日お世話になることが多い技術です。

圧縮では、まず「以前とまったく同じ状態にすることができるかどうか？」をおさえましょう。次の「可」か「不可」は、その違いです。「圧縮から戻すときに以前とまったく同じ状態にできない」ということは、圧縮した画像ファイルなどが「劣化する」ということです。

可逆圧縮	画像などのファイルを圧縮した後、完全に元どおりに戻せる圧縮方式。
非可逆圧縮	画像などのファイルを圧縮した後、完全には元に戻せない圧縮方式。

●圧縮ファイルの形式

続いて、圧縮ファイルの形式を2つ。じつはどちらもほとんど変わりません。「ブランドが違うだけ」ととらえてしまって大丈夫です。

LZH （エル・ゼット・エイチ）	可逆圧縮方式でファイルを保存できるデータ形式。
ZIP （ジップ）	

●静止画像のファイル形式

静止画像のファイル形式の違いは、データの色数と圧縮の方式をおさえるとわかりやすいでしょう。G ⇒ P ⇒ J の順に、「手軽・デラックス・非可逆」と覚えてください。

GIF （ジフ）	静止画像を256色（8ビット）で圧縮し保存する形式です。色の種類が少ないものに向きます。可逆圧縮方式なので、画質は落ちません。
PNG （ピング）	24ビットフルカラーを扱える画像圧縮方式。可逆圧縮方式なので、画質は落ちません。
JPEG （ジェイペグ）	24ビットフルカラーを扱える画像圧縮方式。非可逆圧縮方式なので画質が落ちます。

●動画のファイル形式

動画のファイル形式は、MPEGだけ覚えておけばOKです。頭文字の「M」は、「モーション」の「M」とゴロあわせで覚えましょう。

| MPEG
（エムペグ） | 動画像や音声を圧縮して保存する形式のファイルです。 |

●音声のファイル形式

音声ファイルは以下の2つ。

MP3の「3」は、「高圧縮でサンキュー」の「3（サン）」と覚えましょう。

MIDIは楽譜データですが、「MIDI」の単語の並び、よーく眺めてみると鍵盤に見えてきますよね！「鍵盤⇒譜面」というイメージで覚えましょう。

| MP3
（エムピースリー） | 音楽を高い圧縮率で保存する形式のファイル。携帯音楽プレーヤーやネットの音楽配信でよく使われています。 |
| MIDI
（ミディ） | 楽譜データを保存するファイル形式。電子楽器やパソコンでの演奏・作曲などによく使われます。 |

●文書のファイル形式

最後にオフィス業務で必須の文書ファイルであるPDF。著者も、取引先の出版社さんなどに、見積書や請求書をPDFファイルにしてメールで送っています。

| PDF
（ピーディーエフ） | ビジネスで多用される電子文書フォーマット。 |

> **情報セキュリティ**
> 「組織」「制度」「プロジェクト」の3点セットでまとめて覚えよう

●組織

まずは、企業や組織内に設置する機関・部門を見てみましょう。

情報セキュリティ委員会	企業や組織内における情報セキュリティ対策の最高意思決定機関。
SOC	Security Operation Center の略。組織内の情報システムやネットワークを対象に、セキュリティの監視や分析をする機能や部門のこと。

●制度

届出制度を3つ。いずれも届出先はIPA（独立行政法人　情報処理推進機構）。なんと、ITパスポート試験の主催元です。IPAは情報処理試験の開催のほか、公的な情報セキュリティ関連の業務もしているのです。

コンピュータ不正アクセス届出制度	
コンピュータウイルス届出制度	いずれも、経済産業省が発表した対策基準にもとづいて作られた届出制度。
ソフトウェア等の脆弱性情報に関する届出制度	

●プロジェクト

最後に、IPAが中心になっている情報セキュリティ関連のプロジェクトを2つおさえましょう。

J-CSIP	正式名称は「サイバー情報共有イニシアティブ」。サイバー攻撃による被害拡大を防止するため、参加組織同士で情報共有して、さらに強固なサイバー攻撃対策につなげる取り組みのこと。
サイバーレスキュー隊	標的型サイバー攻撃の被害拡大を防止するために、IPAが設置した組織。通称、J-CRAT。IPA内に「標的型サイバー攻撃特別相談窓口」を設置し、相談や情報提供を受けつけるほか、「重大な標的型サイバー攻撃の被害が発生するだろう」と予見される組織の支援をします。

4-06

3つの重要度に分けて、優先度の高い用語から記憶していく

👉 いよいよ用語の記憶も後半戦。ここからは、残りの重要用語を、出題頻度が高いものから覚えていきましょう。用語は以下の3パターンに分類しているので、上から順に覚えていくのが効率的です。

- 頻出 ➡ 過去のITパスポート試験で複数回出題された、必ず覚えておくべき用語
- 新傾向➡ ITパスポートのシラバス5.0および4.0で新しく追加された用語。今後の試験に出題される可能性が高い。
- 無印 ➡ 「頻出」「新傾向」以外の用語

時間をかけずにサクっと攻略してしまいましょう！

まずは「頻出」から。3分野とも5つ程度ですから、必ずおさえましょう。

頻出＜ストラテジ＞

ストラテジで頻出するのは、経営戦略系と住民基本台帳ネットワークで4つ、関連用語2つです。

●経営戦略系

いずれも効率化に絡むものを3つ。以下のポイントをおさえましょう。

- オフショアアウトソーシング ➡ 海岸（ショア）をはなれて（オフ）、ということで、海外の企業にアウトソーシング

● バリューエンジニアリング ➡ 「価値工学」ということで、機能をアップ・コストをダウンで製品の価値を上げる

● ワークフロー ➡ 文字どおり「仕事」の「流れ」

オフショアアウトソーシング	海外の企業に業務を委託（アウトソーシング）すること。
バリューエンジニアリング	製品の機能を向上させたりコストを下げたりすることで、製品の価値を向上させる手法のこと。
ワークフロー	業務処理の流れのこと。

● **住民基本台帳ネットワークシステム**

近年出題が高まっている用語です。国民1人ひとりに番号をつけるマイナンバー制度も導入され、ますます必要性が高くなってくるでしょう。関連する行政分野の情報システムもいっしょにマスターしましょう。

住民基本台帳ネットワークシステム	住民基本台帳ネットワークシステムは略して「住基ネット」といい、国や都道府県、市町村などの情報システムをネットワークで結んだもの。
電子申請・届出システム	家庭や職場から行政への申請や届出ができる情報システム。
電子入札	職場から公共入札に参加できる情報システム。

> **頻出＜マネジメント＞**

マネジメントでは「システム開発（オブジェクト指向)」「見積り手法」「運用管理」の3つの分野が頻出します。

●システム開発

「オブジェクト指向」は、比較的新しいシステム開発の考え方です。「カプセル化」「継承」というキーワードとともに出題されることもあります。これらのキーワードが出たら、まちがいなく「オブジェクト指向」の問題です。

　たとえば、我々は、自動車の細かい内部構造を知らなくても、自動車を運転できますよね。そのような考え方を、ソフトウェア開発に持ち込んだのがオブジェクト指向です。「カプセル化」「継承」はキーワードとして知っておくだけでも OK です。

オブジェクト指向	「オブジェクト」とは「モノ」のこと。「ソフトウェアの中身をすべて知らなくても、それぞれの部品（オブジェクト）の使い方だけ覚えておけば、部品の組み合わせだけでかんたんにソフトウェアが完成する」という考え方。
カプセル化	オブジェクトのデータやふるまいを外部から隠ぺいすること。プログラムの変更や拡張に強くするためにおこなわれる。
継承	オブジェクトの性質をほかのオブジェクトに引き継ぐこと。プログラムの再利用や拡張のためにおこなわれる。

●見積手法

　システム開発の工数や費用を見積もる方法を 2 つおさえましょう。ポイントは以下のとおり。

- ●機能（ファンクション）を点数制（ポイント制）にした「ファンクションポイント法」
- ●過去の事例から類推して見積もる「類推見積法」

　このように、名前と中身が直結しています。この 2 行を 3 回つぶやいて覚えましょう。

ファンクション ポイント（FP）法	システム化する画面や機能の難易度を数値化して、その合計でシステム開発の工数や費用を見積もる方法のこと。
類推見積法	過去の類似プロジェクトの状況を参考にしながら、現在のプロジェクトにかかるコストを見積もる方法。

● **サービスの運用管理業務**

　サービスマネジメント、つまり運用フェーズでは、必須な管理業務がいくつかあります。しかし、こちらも名前と内容が一致しているので、軽く眺めていればOKです。

　1点だけ注意していただきたいのは「変更管理」。実際にシステムを変更するのは「リリース管理」の仕事であり、「変更管理」では、「システムを変更する手順を検討する→準備をする」ところまでです。

構成管理	情報システムを構成するハードウェアやソフトウェアの最新構成を適切に管理すること。
変更管理	情報システムに変更を反映させる必要が出てきた際、適切な手順を検討し、安全かつ効率的な反映ができるようにすること。
リリース管理	「変更管理」の決定内容に沿って、確実に変更を反映させます。
バージョン管理	情報システムのソフトウェアやプログラムのバージョンを管理すること。最新版の改訂者や改訂日時、改訂内容だけでなく、過去の版数の履歴も管理します。

頻出＜テクノロジ＞

テクノロジでは、「マークアップ言語」が頻出です。

●マークアップ言語

マークアップ言語とは、「タグ」と呼ばれる特別な文字列を使って、文書の構造や見栄えを記載できるテキストファイルの形式のことです。

SGML → HTML → XML の順に進化してきました。それぞれ以下の略です。

- Standard Generalized Markup Language（スタンダード）
- Hyper Text Markup Language（ハイパー）
- eXtensible Markup Language（拡張可能）

SGML	マークアップ言語の元祖。インターネットではあまり使われていません。
HTML	インターネットの標準的存在として、最も有名。Web の画面は、HTML で記述されています。
XML	「タグ」の中身を自分で決めることができ、電子商取引など広い範囲で使われます。

新傾向＜ストラテジ＞

頻出の次は、シラバス 4.0 〜 5.0 で追加された用語をおさえていきましょう。シラバス 4.0 〜 5.0 では、ストラテジ分野とテクノロジ分野に新しい用語が多く追加されました。まずはストラテジ分野から 1 つずつチェックしていきましょう。

●経営・組織論

まずは、企業活動や社会生活における IT 利活用の動向について、次の 3 つの用語をおさえておきましょう。

Society5.0	サイバー空間（仮想空間）とフィジカル空間（現実空間）を高度に融合させたシステムにより、経済発展と社会的課題の解決を両立する、人間中心の社会（Society）のこと。政府（内閣府）が「第5期科学技術基本計画」で定義しました。
データ駆動社会	現実空間のさまざまなデータを、ITなどを活用して可視化し、社会の問題点を発見したり将来予測につなげたりして、よりよい姿になろうとする社会の考え方。
国家戦略特区法（スーパーシティ法）	規制改革や国・自治体が持つデータ活用などを推進することで、よりよい未来都市を先行的に実現するための法律。

● **業務分析・データ利活用**

「箱ひげ図」と「ヒートマップ」はデータを可視化する手法、「A/Bテスト」はおもに Web で利用されるデータ活用です。

箱ひげ図	データのバラつきをわかりやすく表現する図法で、「箱」と「ひげ」を用いて表記するもの。
ヒートマップ	2次元マップの各座標の値の大小を、色の濃淡を使って視覚的に表すもの。Web マーケティングでは「多くのユーザがクリックした場所ほど色が濃く表示される」など、視覚的に把握できるツールとして使われています。
A/Bテスト	Web ページなどで、一部を変更した複数のパターンを作成し、それらをランダムに表示（公開）するテスト手法のこと。実際のユーザーの反応を比較しながら、評価の高いパターンを選択できます。

● **知的財産権**

まずは、ソフトウェアのライセンス関連で5つほど押さえましょう。

アクティ ベーション	ソフトウェアを利用する時に、インターネットなどを通じてメーカーにシリアル番号などを伝え、正規ユーザーであることを証明すること。おもにソフトウェアのコピー防止が目的です。アクティベーションをしなければ、ソフトウェアを利用することはできません。「ライセンス認証」ともいいます。
サブスク リプション	ソフトウェアの利用形態の1つであり、月額など利用期間に応じて料金を払う方式。ソフトウェアは、もともと「使用権の買取」といった形態が多かったのですが、最近ではサブスクリプション方式も増えています。ちなみに、サブスクリプションとは本来、「予約金」や「購読」といった意味。
ボリューム ライセンス	複数のソフトウェア使用権（ライセンス）を、割引価格でまとめて提供する販売形態のこと。
サイト ライセンス	企業・教育機関・官公庁などの組織の単位で一括導入するソフトウェア使用権のこと。通常より割引価格で導入できます。
CAL	サーバとクライアントに機能が分かれているソフトウェアにおいて、サーバにアクセスするためのクライアントの使用権のこと。クライアント・アクセス・ライセンスの略。

●経営戦略

自社の差別化を徹底したり、ライバルの差別化要素を無効化したり。経営戦略の手法は「血で血を洗う抗争の手法」でもあります。

VRIO 分析	VRIO とは経済的価値（Value）、希少性（Rarity）、模倣可能性（Imitability）、組織（Organization）の頭文字をとったもの。VRIO 分析とは、この4つの切り口で企業の強み（弱み）を分析することです。
同質化戦略	業界2位以下の企業がおこなう「差別化戦略」を無効化するために、業界トップ企業がその差別化戦略と同じ内容の戦略を実行すること。
ブルー オーシャン 戦略	従来存在しなかった市場（ブルーオーシャン）を創出し、競争を回避しながら進めていく戦略。レッドオーシャン（血で血を洗う、競争が激しい市場の意）の対義語。
ESG 投資	「環境（Environment）」「社会（Social）」「企業統治（Governance）」を重視している企業を選んで投資すること。

記憶術

●マーケティング

マーケティングの 4P のうち、価格（Price）の設定に関する手法です。

スキミング プライシング	新製品の発売時に高価格で販売し、できるだけ早く開発コストを回収しようとする価格戦略。「上澄み吸収価格戦略」ともいいます。
ペネトレーション プライシング	新製品の発売時に低価格で販売し、できるだけ早くシェアを拡大しようとする価格戦略。「市場浸透価格」ともいいます。
ダイナミック プライシング	需要と供給に応じて価格を変動させる戦略。「動的価格設定」ともいいます。

●情報システム戦略

ざっくり言えば、「社内用の Google」ですね。

エンタープライズ サーチ	組織内部にあるさまざまな資料や情報の中から、必要なものを見つけるための企業内検索エンジンのこと。

●ソリューションビジネス

ここでは、アイデアの実現可能性を証明するための手法をチェックしておきましょう。

PoC	Proof of Concept の略。「概念実証」や「コンセプト実証」と訳されます。新しいアイデアが実現できることを証明するためにおこなうデモンストレーションのこと。試作品の前段階に実施されます。

> **新傾向＜テクノロジ＞**

テクノロジの新傾向も、ちょっと多めですが、あとひと息です！

●入出力デバイス

IoT の実現に関わるデバイスです。スマートフォンにも使われていたりして、身近なモノですよ。

磁気センサ	地磁気を観測するセンサ。方位を検知することができます。
加速度センサ	動きや傾き、揺れなどの情報を検知するセンサ。スマートフォンなどでは、機器本体の傾きに応じて画面の向きを自動的に変更することができます。
ジャイロセンサ	物体が動作（回転）する角度や速さを検知するセンサ。

●データベース

ここでは、相反する 2 つのタイプのデータベースの特徴を押さえましょう。

RDBMS	現在主流であるリレーショナル型データベースを採用したデータベース管理システムのこと。定期的なデータを管理することに向いている一方、データのサイズが大きくなりすぎると、性能（速度）低下を起こしやすいです。
NoSQL	リレーショナル型以外のデータベースの総称。RDBMS では取り扱いが難しいビッグデータの扱いに向いていることもあり、近年注目を浴びています。

●ネットワーク

インターネットを便利にする技術をおさえましょう。まずは、個人でも利用する無線技術、Bluetooth 関連から。

記憶術

BLE	Bluetooth Low Energy の略。近距離通信技術である Bluetooth の V4.0 以降で対応した機能です。低消費電力で通信できる機能のこと。

次は、私たちがインターネットを便利に使うために、目に見えないところで動いているしくみを覚えましょう。

SDN	従来は、ルータやスイッチなどのさまざまな機器を組みあわせて配線接続などしていたネットワークの構築を、すべてソフトウェアの設定だけで実施してしまう技術。
ビーコン	ほかの利用者やコンピュータに識別してもらうために、ある主体が発信する情報や信号のこと。たとえば、無線 LAN のアクセスポイント（AP）は、無線 LAN 機能を持つパソコンなどに AP 自身の存在を認識してもらうため、パケット信号（ビーコン）を発信しています。パソコンユーザーはこの発信信号情報をパソコン上で確認することで、近くに利用できる無線 LAN の AP があることを認識できます。

つづいて、ネットワークとサービスを 1 つずつ。

IoT エリアネットワーク	構内などの狭いエリアで IoT 機器を使うためのネットワーク。無線 LAN などが利用されています。
テレマティクス	IT システムや無線データ通信などを使い、自動車などにさまざまな情報サービスを提供するしくみのこと。交通情報、テレビ会議、オンデマンド映画配信など、リアルタイムでさまざまな情報を提供します。

●情報セキュリティ

まずは、個人情報関連から 2 つ、おさえましょう。

プライバシ ポリシ（個人情報保護方針）	自社サイトで収集した個人情報をどのように扱い、どのように保護するのか、その考え方を説明するもの。
安全管理措置	個人情報保護法で定められているもので、個人情報取扱事業者が取り扱う個人データの漏えいや滅失・き損の防止、そのほか個人データの安全管理のために実施すべき措置のこと。

つづいて、セキュリティを守るしくみ。

DLP	機密情報やデータを継続的に監視し、情報漏えいや紛失を防ぐシステム。
耐タンパ性	カードの偽造や情報抽出に、高い耐性を持っていること。たとえば、IC カードによっては、不正な方法で無理に情報を抽出しようとすると、IC カード内のチップの情報が自動的に消去されるものがあります。このような IC カードを「耐タンパ性が高い」といいます。
タイムスタンプ（時刻認証）	ファイルなどが「いつ作られたのか」、その時間を記録し証明するもの。タイムスタンプは「その時間には、まちがいなく、そのファイルが存在した」ことと「その時間以降、ファイルが改ざんされていない」ことを証明します。
WAF	Web アプリケーションに特化したファイアウォールのこと。Web Application Firewall の略。
IDS	不正侵入を検知するシステム。Intrusion Detection System の略。
IPS	不正侵入を防止するシステム。Intrusion Prevention System の略。
SIEM	各種機器やネットワークなどのログを統一的かつリアルタイムに監視し、異常があれば通知するシステム。Security Information and Event Management の略。
セキュアブート	コンピュータの起動時にデジタル署名があるソフトウェアしか起動できないようにする技術。

記憶術

TPM	コンピュータの基盤に実装されたセキュリティ機能を持つ IC チップ。Trusted Platform Module の略。
PCI DSS	クレジットカード情報セキュリティの国際統一基準。Payment Card Industry Data Security Standard の略。

次は、やってはいけない事例。いわゆる「脆弱性」の 1 つです。

シャドー IT	社内で許可されていないクラウドサービスや、個人所有のパソコンなどを業務に利用すること。適切なセキュリティ対策が取られていないことが多く、セキュリティ事故の原因となりやすい。

新傾向の最後はセキュリティの脅威や攻撃方法。ちょっと数が多いですが、「名は体を表す」ということわざどおり、名称と意味を関連づけるようにすれば覚えやすいですよ。

ビジネスメール詐欺（BEC）	経営幹部や取引先になりすまして、巧妙なメールで担当者を騙し、情報を搾取したり偽の口座へ現金を振り込ませたりする詐欺。
クロスサイトリクエストフォージェリ	悪意のあるスクリプトが仕込まれた Web サイトをユーザーが訪問すると、そのスクリプトを知らない間に実行してしまいます。その結果、ユーザーのブラウザでほかの掲示板へ違法な書き込みをするなどの行為をする攻撃。
クリックジャッキング	ユーザーが意図しない操作をさせるように、悪意のある者が仕掛ける攻撃。ユーザーに透明なボタンを押させるなどの手法を使います。
ディレクトリトラバーサル	ファイル名などを入力する Web サイトに対し、管理者が意図しないファイルやディレクトリにアクセスする攻撃。
中間者攻撃	通信を行う 2 者の間に割り込み、あたかも両者から見て相手方であるかのように振る舞うことで、気づかれることなく内容を改ざんしたり盗聴したりする攻撃。

MITB 攻撃	パソコンのブラウザを乗っ取り、ブラウザとサーバーの間の通信を改ざんしたり盗聴したりする攻撃で、中間者攻撃の1つ。Man in the Browser の略。
第三者中継	第三者のサーバーを利用してスパムなどの電子メール送信をすること。利用される第三者のサーバーのことを「踏み台」ともいう。
IP スプーフィング	送信データ内の「送信元 IP アドレス」の項目を書き換え、送信元 IP アドレスを偽装すること。
セッション ハイジャック	TCP 通信で使われるセッション番号を詐取するなどして、通信を行っている者に「あたかも正しい通信相手」と思わせ、情報を盗んだり改ざんしたりする攻撃。
クリプト ジャッキング	他人の PC を勝手に利用して暗号資産のマイニングをすること。報酬をもらうことを目的として暗号資産の取引情報の記録のためにコンピュータを利用することをマイニングといいます。
ポートスキャン（攻撃の準備）	攻撃対象となるコンピュータは、どのようなサービス（HTTP、電子メール、ファイル転送など）が動作しているのかを調査すること。

無印＜ストラテジ＞

　最後は「無印」の用語を残すのみとなりました。ストラテジは少し多いですが、がんばっていきましょう！

●企業活動

　まずは、企業のイメージづくりに必要な「環境対策」と「ブランド」の2つです。

グリーンIT	環境保護を志向したIT機器や情報システムのこと。グリーン＝環境の意味。
コーポレートブランド	コーポレート＝企業ということで、（商品でもサービスでもなく）企業自身のブランドのこと。企業の社会的価値向上を目指します。

●業務分析ツール

おさえておきたいのが「ABC分析」と「デシジョンツリー」、「レーダーチャート」の3つ。

ABC分析は「ABCの3つに分けてざっくり把握する」という意味。

デシジョンツリーは「YESとNOで分岐していき、抜けモレを防ぐ」ための手法です。

レーダーチャートは「バランス」がキーワードですね。

ABC分析	第1章で学んだパレート図を使い、たとえば「売上上位70％をA群、90％をB群、それ以下をC群」などと分類し、それぞれのグループ（群）ごとに取り扱いや施策を検討する分析方法。
デシジョンツリー	デシジョンツリー＝「決定するための木」ということで、ある物事決定するために必要な選択や分岐を階層的に書き表した木（ツリー）状の図のこと。
レーダーチャート	レーダーのような図（＝チャート）。複数の項目を比較したり、全体のバランスを見るのに利用します。

ABC 分析とデシジョンツリーとレーダーチャート

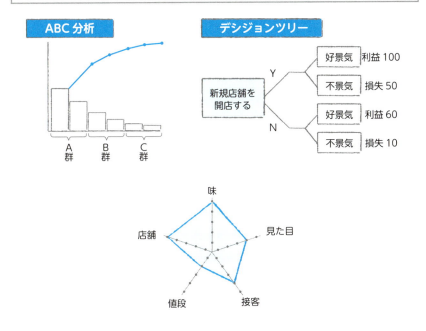

●経営管理システム

ここでは「バリューチェーン」をおさえましょう。

バリューチェーン	企業活動を、調達／開発／製造／販売／サービスといったそれぞれの業務プロセスのどこで、価値やコストが付加・蓄積されているのか、競合他社と比較してどの部分に強み・弱みがあるかを分析し、戦略の有効性や改善の方向を探る方法論。

●ビジネスシステム / エンジニアリングシステム

企業よりもやや大きな単位になりますが、「改善」のための手法としておさえておきたい用語があります。「節電」と「観測」……どちらも、地震大国の日本に必須の技術です。

次のように、英語の意味をおさえて覚えましょう。

● スマートグリッド　→　「かしこい」「網」
● センシング　→　センサを使って測る

スマート グリッド	IT を活用して、電力の需給を最適化できる送電網。「次世代送電網」とも呼ばれます。震災以後の電力不足により、一躍脚光を浴びました。
センシング 技術	観測技術全般のこと。資源探査、海洋調査、火山活動の探索と、多岐に渡ります。

　最近は機械が知能を持って自分で判断するケースも増えてきました。AI という用語は聞いたことがある人も多いのではないでしょうか。

AI	Artificial Intelligence の略であり、「人工知能」と訳されます。人間の知的活動をコンピュータにさせる技術全般のことや、人間の知的活動をおこなうプログラムのことをいいます。

● E ビジネス

　消費者同士がモノの売買を行うフリマアプリは有名ですが、企業同士が取引を行うネットサービスもよく使われています。

電子マーケット プレイス	インターネット上にある企業同士の仮想取引所のこと。

　商品を知ってもらうには広告が欠かせません。次の 3 つのデジタル広告をおさえておきましょう。

バナー広告	Web サイトなどに貼り付けられている画像の広告のこと。クリックすると広告元の Web サイトに遷移します。
ディジタル サイネージ	「サイネージ」とは「記号・標識・マーク」の意味。デジタルサイネージは「電子看板」を指します。広告面がスクリーンになっているので、広告内容を自由に変更することができます。

　ネットビジネスでは、顔と顔が見えないで取引されるため、信頼を担保するしくみが欠かせません。それが「エスクローサービス」です。

　「エスクロー」とは、「第三者に預ける」ことを意味します。

エスクロー サービス	インターネットオークションなどで注目されているサービス。売り手と買い手の間に第三者（オークションのオーナーなど）が入り、売り手の商品が買い手に渡った後、買い手から代金を回収し、売り手に責任を持って渡します。ネット時代の消費者同士の（C to C）取引に欠かせません。

●システム活用

　第1章で「データマイニング」という言葉が出てきましたが、あわせて以下の2つもおさえてください。どちらも「データをうまく活用する」ための考え方です。

BI	Business Intelligence の略。データウェアハウスなど大量のデータを分析するためのツール群のこと。ビジュアル表示で意思決定を支援するなどの特徴があります。
データウェア ハウス	日常業務で利用しているデータベースから取り出したデータを整理して大量に保存し、意思決定に使うシステム。直訳すると「データの倉庫」。

　どんなに便利な技術であっても、使われなければ意味がありません。情報システムの活用が苦手な方への普及啓蒙も大切です。以下の2つの概念も覚えておきましょう。

ディジタル ディバイド	コンピュータやインターネットを扱う機会や能力の有無で発生するさまざまな格差のこと。「情報格差」と訳されます。
e ラーニング	ネットや CD-ROM、情報機器などを利用する教育のこと。

●知的財産権

無印のストラテジの最後に、権利関係が特殊なソフトウェアを3つおさえておきましょう。

フリーソフトウェア	「自由なライセンスで」配布されているソフトウェア。
パブリックドメインソフトウェア	パブリックドメイン＝公共に属するという意味。ソフトウェア作成者が著作権を放棄した（＝権利が公共に属する）ソフトウェアのこと。
オープンソースソフトウェア	「ソースプログラム（プログラムの中身）を公開している」ソフトウェア。

無印＜マネジメント＞

マネジメントの無印は「開発技術」の1つだけ。サッとこなしてしまいましょう！

●開発技術

情報システムをメンテナンスするときなどに、古いシステムだと設計書が残っていないケースもあります。そうしたときに、残されたプログラムから内容を解析する「リバースエンジニアリング」が必要です。

リバースエンジニアリング	リバース＝逆という意味。すでに完成したソフトウェアを解析・分析して、そのソフトウェアのしくみや技術などを明らかにすることです。一般的なソフトウェア開発とは逆方向のプロセスを踏むわけです。

無印＜テクノロジ＞

いよいよ最終コーナーです！

●データ構造

　プログラミングでは、どのようにデータが格納されるか（データ構造）によって、処理の効率が変わってきます。

　代表的なのが、ファイルシステムやデシジョンツリーでも使われている「木（ツリー）」。文字のとおり、イメージしやすいでしょう。

木構造	文字どおり、「木（ツリー）」をひっくり返したような形式です。
2分木	上位の節（ノード）から分岐する枝が2つ以下のもののこと。

木構造

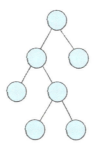

●ファイルシステム

　データを効率よく扱うためのしくみがファイルシステム。データの読み書きが遅くなる原因・対策を分けて覚えるといいでしょう。

「フラグメント」は「断片化」の意味。それに接頭語「デ」がつく「デフラグ」は「断片化を減らす」という意味です。

フラグ メンテーション	ハードディスクなどのディスク装置において、書き込み⇒消去をくり返していると、データが飛び飛びに配置されることになります。そうなるとアクセス効率が悪くなり、データの読み書きが遅くなります。その状態を「フラグメンテーション」といいます。これを修正するためには「デフラグ（データ再配置）」をおこなう必要があります。
アーカイブ	複数のファイルを圧縮して、1つのファイルにまとめること。画像ファイルは劣化しても見れますが、プログラムファイルは劣化させると動かなくなるので、アーカイブは可逆圧縮です。

●ハードウェア

コンピュータのハードウェアも、時代とともにどんどん進歩していますね。

ウェアラブル端末	主に衣服、時計、メガネなどの形状で、身に着けて持ち歩けるコンピュータのことです。
3D プリンタ	立体物の設計データを元に、樹脂などを固めて立体物を形成する出力装置のことです。樹脂製の工業部品などがかんたんに作成できるようになりました。

●ヒューマンインタフェース

人間にわかりやすくするためのしくみや考え方です。カタカナ語の意味を考えるとわかりやすいでしょう。

サムネイル	直訳すると「親指の爪」。転じて、親指の爪のように「小さい画像」を指します。小さい画像の一覧をクリックすると大きな画像が表示されたりしますが、その「小さな画像」のことです。
ユニバーサルデザイン	ユニバーサル＝万人向けという意味。年齢や障がいの有無に関わらずだれもが利用できるデザインのこと。
Web アクセシビリティ	Webサイトにおけるユニバーサルデザインのこと。アクセシビリティ＝アクセスしやすさという意味。

●システム構成要素

「コンピュータのつなぎ方」に関する用語が2つあります。

「ピアツーピア」の「ピア」とは、「対等な者」の意味。「ピヨピヨ鳴くヒヨコはみんな対等」と覚えましょう。

物騒な話ですが、たくさんの小さな爆弾が大きな爆弾の中にひしめき合った「クラスター爆弾」というものがあります。「クラスタ」は、そのコンピュータ版のイメージです。

ピアツーピア	接続されたコンピュータが、どれも対等な立場に置かれる接続方式。クライアントやサーバなどの役割分担がありません。
クラスタ	複数のコンピュータをネットワークで結び、全体として1つのコンピュータのように動作させる接続形式。

●入出力デバイス

周辺機器をパソコンにつなぐ用語は次の3つをおさえましょう。

「デバイスドライバ」と「プラグアンドプレイ」は、「マウスなどの周辺機器をPCに接続（プラグ）すると、機器を動かすプログラム（デバイスドライバ）が自動的にインストールされて、使えるようになる（プレイ）」という関係になっています。

しかし、以前はなかなか自動的に動いてくれず、「プラグアンドプレイ（＝pray）」、つまり「つないだら祈れ！」と揶揄されたものです。神頼み、ってやつですね。

記憶術

デバイス ドライバ	デバイス＝機器、ドライバ＝操作という意味で、パソコンの周辺機器を動かすプログラムのこと。以前は、新しい周辺機器をパソコンに接続するたびに、周辺機器に付属するデバイスドライバをインストールして設定したりと大変でした。しかし、最近では以下の「プラグアンドプレイ」に対応したOSや周辺機器が多くなり、かなりラクになりました。
プラグアンド プレイ	つなぐ（プラグ）と動く（プレイ）という意味で、ユーザーが複雑な設定をしなくても、周辺機器をパソコンにつなぐだけで、OSが自動的に最適な設定をして動かせるようになるしくみ。
ネットワーク インタフェース カード	ネットワークインタフェースカード＝ネットワークへの接続するためのカード。略して「NIC」。パソコンをLANに接続するために必要ですが、最近ではLAN接続インタフェースが標準装備されているパソコンが多いので、このカードを単体で見かけることは少なくなりました。

●ネットワーク

ネットワークを便利に使う仕組みを3つ。

オンライン ストレージ	直訳すると「ネット上の記憶装置」。クラウドサーバの一区画をデータ保存用として借りることができるサービス。DropBox、EverNote、OneDrive、GoogleDrive が著名です。
テザリング	スマートフォンなどを Wi-Fi（無線）ルータのように使い、そのスマートフォン経由でパソコンなどをインターネット接続する機能のこと。
プロキシ	「代理」の意味。インターネットと社内 LAN の間に置かれ、直接インターネットに接続できない社内 LAN 上のパソコンの代わりに、ネットから情報を取得しパソコンに渡すサーバ。

●情報セキュリティ対策

最後、セキュリティに関することをマスターすれば終わりです！

まずは便利＆安心にコンピュータを使いこなすための対策です。

シングル サインオン	一度の認証処理（ID やパスワードの入力など）で 複数のサービスを利用できるしくみのこと。
認証局	暗号における公開鍵の発行者が「正当な者」であ ることを証明する第三者機関のこと。

「すかし」は一般社会でも使われる用語です。ただし、デジタルなものは、
目的はいっしょでも、使っている技術や方法はまったく違ってきます。

電子すかし	1000 円札などのお札にある「すかし」は、お札が 不正コピーされるのを防いだり、偽札を検出する のに使われます。電子すかしとは、コンテンツに 埋め込む形のデータです。一般的なコンテンツの 利用では目に見えない存在ですが、検出用のソフ トを使うことで、その存在を確認できます。著作 権対策や不正コピー対策に有効です。
ディジタル フォレンジックス	特許侵害や情報が盗難されると、最悪の場合、刑 事事件や法的な争いへと発展しますが、その際に 証拠となるデータや機器を調査して情報を集める こと。「フォレンジックス」とは「鑑識」という意 味です。

最後は、セキュリティの脅威です。

クラッキング	不正な手段で情報システムに侵入し、情報を破壊 したり改ざんしたりする行為。

このほか、物理的脅威として、「災害」「破壊」「妨害行為」などがありま
すが、文字どおりなので心配ないでしょう。

人的脅威の「漏洩」「紛失」「破損」「盗み見」「誤操作」「なりすまし」も、

名前を見ただけでイメージできますよね。

　「最短合格のための記憶術」は以上です。意外とグングン進めたのではないでしょうか。
　とはいえ、一度読んだだけで安心せず、3回は見直してください。そうすることで、あなたの中に確実に定着することでしょう。

計算問題「頻出パターン」徹底攻略

　前章までで、ITパスポート試験の全体像および、最短合格に必要な重要用語をマスターしました。あとは、毎回10問近く出題される「計算問題」の攻略だけです。

　計算問題のテーマは多岐に渡りますが、各テーマにおいては、出題されるパターンは決まっています。**すなわち、計算問題に対する最良の攻略法は「出題パターンをおさえる」ことなのです。**

　そのうえで、最低限の公式をきちんと覚えておけば、計算問題はたちどころに得点源となり、しかも短時間で解答できるようになるでしょう。

第 **5** 章

5-01

「どれぐらい儲かるか」 「どれぐらい危ないか」を イメージしながらお金の計算に強くなる

👉 「財務諸表」「利益」「費用」……そんな用語を聞くだけで頭が痛くなるかもしれませんが、「損益分岐点売上高」だけは読んでみてください。ここは、財務の計算問題の中でも最頻出だからです。ここを攻略するだけでも、得点を積み上げることができるでしょう。

損益分岐点を求めるためには「変動費率」がポイント

試験では、以下のような問題が出題されます。

●ある月のたこ焼き屋の売上が下記の場合、損益分岐点売上高を求めなさい

売上高	200 万円
変動費（小麦粉代ほか）	100 万円
固定費	40 万円

　まずは変動費率を求めるのがポイント。第1章でも解説したとおり、たこ焼きの小麦粉のように、売上高に比例して増加する費用を「**変動費**」と呼びます。

　売上高に占める変動費の比率が「**変動費率**」です。以下のように、変動費を売上高で割れば求めることができます。

変動費率＝変動費÷売上高

　今回の数字をあてはめると、次のようになります。

100万円（変動費）÷ 200万円（売上高）＝ 0.5（変動費率）

変動費率がわかったら、あとは損益分岐点売上高を求める公式にあてはめるだけです。

損益分岐点売上高＝固定費÷（1－変動費率）

今回の数字をあてはめると、以下になります。

損益分岐点売上高＝ 40万円÷（1 － 0.5）＝ 40万円÷ 0.5 ＝ 80万円

用語は難しく聞こえますが、計算自体はとてもかんたんですね。

> 「損益計算書」は1年間の成果、「貸借対照表」はある時点の財産状況

1年間の「売上の総合計」から「発生した費用の総合計」を引いて、残ったものが「利益」です。

この詳細は「損益計算書」に書かれています。企業会計では、1年間のことを「会計期間」と呼びます。

貸借対照表と損益計算書の関係

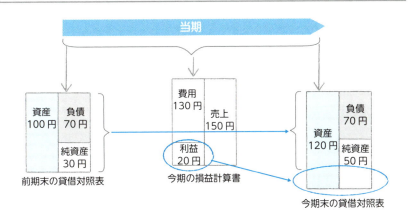

一方の「貸借対照表」は、会計期間の最初の日（期初）のものと、会計期間の最後の日（期末）のものと、2つあります。

「貸借対照表」には、ある一時点における企業全体の以下の情報が書かれています。

- 資産（プラスの財産）
- 負債（マイナスの財産・借金など）
- 企業の経営活動の元手（資本金）

　1年前（期初）の貸借対照表に、1年間の経営活動の結果（＝損益計算書に書かれているもの）を加味すると、期末の貸借対照表が完成するわけです。

「貸借対照表」とは、「企業の全財産を表すもの」。そのため、1年間の経営活動の結果、改善したり悪化したり、毎年変わっていきます。

利益の割合が大きければうれしいし、効率的に稼げてもうれしい
売上高利益率／ROA／ROE

　あるチェーン店で、ふだんは1日あたりたこ焼きが300箱売れていましたが、お祭りの日には500箱売れたとします。すごく忙しい1日になりますが、売上が上がってうれしいですよね。

　でも、よく考えてみてください。どんなに売上が上がっても、もし1箱あたりの利益が10円しかなかったら、どうでしょうか？

　500箱売れても、5,000円の儲け（利益）にしかなりません。これではアルバイト代にもなりませんよね。

　このように、売上高に占める利益の割合は、本当に大事なものなのです。これを「売上高利益率」と呼びます。

売上高利益率＝利益÷売上×100（％）
※利益には、問題に応じて「営業利益」「経常利益」などを使います

　また、同じ利益を得るにも、投資した元手（資本）が少なければそれだけ効率的で、うれしいですよね。

資本には「総資本」と「自己資本」の2種類があるので、効率性の指標も2つあります。

ROA（総資本利益率） ＝ 利益÷総資本× 100（%）
ROE（自己資本利益率） ＝ 利益÷自己資本× 100（%）

「ROA（Return On Asset の略）」は、会社の総資本（株主から集めた自己資本＋借金などの負債）に対する利益の割合です。

「ROE（Return On Equity）」は、株主から集めた自己資本に対する利益の割合です。

株主としては「自分の投資した金額が効率的かどうか」が気になりますから、ROE に目が行きがちです。しかし、ときとして

「ROE は良好だが、ROA は低い」

という企業があります。

そういった企業は、じつは「借金をたくさん抱えている（＝自己資本に比べ、負債が大きい）」という意味になるので、ROA もあわせてチェックする必要があるのです。

アイスクリームとホットコーヒー、どちらを売るほうが儲かるか？
期待値

夏を前に、たこ焼き屋では、新メニューとして「アイスクリーム」と「ホットコーヒー」のどちらを導入するか迷っていました。

今年の夏は、猛暑になる可能性が全体を1とした場合0.7（70%）、冷夏になる可能性が0.3（30%）です。

アイスクリームを販売する場合は、初期投資として、製造機・冷凍庫などで300万円かかります。ホットコーヒーの場合は100万円です。

猛暑と冷夏、それぞれの販売利益の予想額は次のとおりです。

	猛暑	冷夏
アイスクリーム	400 万円	200 万円
ホットコーヒー	100 万円	300 万円

　このような場合、「アイスクリームとホットコーヒー、どちらが、より大きい利益を期待できるのか」を計算する必要があります。その値のことを「期待値」と呼びます。

　それでは、今回のケースの期待値を、それぞれ計算してみましょう。

　販売利益の期待値は、それぞれのケース（猛暑・冷夏）での利益予想に、発生する可能性をかけた数字を合計したものです。

予想利益の期待値＝販売利益の期待値－初期投資額

●アイスクリームの予想利益（期待値）

　400 万円× 0.7 ＋ 200 万円× 0.3 － 300 万円

＝ 280 万円＋ 60 万円－ 300 万円

＝ 40 万円

●ホットコーヒーの予想利益（期待値）

　100 万円× 0.7 ＋ 300 万× 0.3 － 100 万円

＝ 70 万円＋ 90 万円－ 100 万円

＝ 60 万円

　以上より、アイスクリームよりホットコーヒーのほうが予想利益の期待値は大きく、「ホットコーヒーを販売すべきだ」という意思決定ができます。

> **現金化しやすい財産のほうが、もしものときに助かる**
> 流動比率

「資産の部」の中でも、「お金そのもの、またはすぐに換金できるもの」を「流動資産」と呼びます。これには、現金・預金や「売掛金」が含まれます。

　売掛金、と言われてもピンと来ないかもしれませんね。たこ焼き屋さんの

場合は、ほとんどの人は現金で商品を買うかもしれませんが、もしクレジットカードでたこ焼きを買うお客さんがいたらどうでしょうか？

商品はその場で売りますが、お金が入ってくるのは、クレジット会社を経由して、しばらく先になってしまいます。このように、お店側から見れば「将来、払ってもらうたこ焼きの代金」が売掛金です。

企業にとって、この流動資産が多いことは大切です。もし、急にお金が必要になった場合、すぐに対応できるためです。不動産のことを「固定資産」といいますが、どんなに価値があっても、すぐに売ってお金にできるわけではありませんよね。

一方、「流動負債」という言葉もあります。これは、短期借入金など「短期間のうちに支払わなければならない負債」のことです。

「流動資産」と「流動負債」の比率を見て、経営がどれだけ安定しているか、または苦しいかを把握するための指標が「流動比率」です。流動比率は、以下のようにして求めることができます。

流動比率＝流動資産÷流動負債× 100 （%）

流動負債よりも流動資産のほうが大きくないと、経営は苦しくなります。

ネットショップはいつから黒字になるのか？
投資回収

システム開発を始める前に、経営層は「トータルで黒字になるのはいつからか？」をできるだけ精緻に求め、システム開発を進めるのか、中止（見直し）するのかを決定しなければなりません。

たこ焼き屋ネットショップの開発費や完成後の費用、そして完成後の利益が次のような見通しだった場合を考えてみましょう。

費目	金額
開発の初期投資額	2400万円
システム稼働後の効果額	100万円（1ヶ月あたり）
システム運用費	20万円（1ヶ月あたり）
年間システム保守料	初期投資額の15%

　単位が「月」「年」「%」が混じっていてわかりにくいので、まず「年」と「万円」で統一してみましょう。すると、以下のようになります。

費目	金額
開発の初期投資額	2400万円
システム稼働後の効果額	1200万円（1年あたり）
システム運用費	240万円（1年あたり）
年間システム保守料	360万円（1年あたり）

　これでかんたんな図に表すことができます。

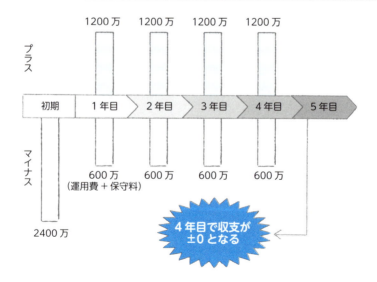

　この図を見ると、4年目で、「累計の効果額」と「類型の費用」がイコールになっていますね。以上より、回答は「4年」ということになります。

　このように、投資回収の計算方法は、図を書くとわかりやすくなります。

> ### 「売約済み」の商品を売ってはいけません
> 在庫引当

　あるとき、テレビの健康番組で、たこ焼き屋ネットショップの「納豆たこ焼き」が取り上げられ、注文が殺到しました。注文は次から次へと入って来ますが、工場で生産できる量は限られています。すべての注文を受けてしまう（受注する）わけにはいきません。

　そこで、在庫品の中から、注文いただいた分を「出荷可能品」として確保し、出荷できる品がなくなれば、次の入庫（工場で生産した後、倉庫に商品が入ってくること）までは、納豆たこ焼きは「売り切れ」の状態としなければなりません。

　このように、在庫商品の中から、出荷できる商品を確保することを「**在庫引当**」と呼びます。

　以下の条件が前提のとき、「納豆たこ焼き」の5月10日時点での在庫引当可能数は、次ページの図の方法で求めることができます。

- 4月末時点の実在庫数　⇒　100個
- 商品を工場にオーダー（発注）してから倉庫に入庫するまで　⇒　3日
- 5月10日までの受発注の取引　⇒　下図のとおり
- 祝祭日や休業日は考えない

受発注取引

取引日	商品の受注	商品の発注
5/2	40個	―
5/3	―	50個
5/6	20個	―
5/7	―	50個
5/9	30個	―

受注数・入庫数・在庫数　一覧

	受注	発注	在庫	
4月末			100	
5/2	40		60	
5/3		50	60	3日後に入庫
5/6	20		90	
5/7		50	90	3日後に入庫
5/9	30		60	
5/10			110	

以上のように、5月10日時点での在庫引当可能数は110個
となります。

　このような問題は、日々の受注数・入庫数・在庫数を一覧にして書くこと
により、解決します。

　ポイントは、商品を発注してから倉庫に入ってくるまで、3日間のタイム
ラグがあること。それをおさえることが正解へとつながります。

5-02

仕事を最も効率的にこなすには

大規模なプロジェクトでは、複数の作業が並行しておこなわれることがあります。その場合、文章で書くよりも、図で表現したほうが作業の全体像がグッとわかりやすくなります。

　最大のポイントは「最も時間がかかる経路を見極める」こと。そこだけ注意すれば、すぐにマスターできるでしょう。

「一番時間がかかる作業」を見極めれば段取り上手に
アローダイアグラム

　たこ焼き屋ネットショップ開発が、下図のような日程で計画されていたとします。

開発の日程計画

項	作業	作業日数	先行作業
A	システム設計	10 日	
B	ハードウェア設計	15 日	A
C	ソフトウェア設計	20 日	A
D	ハード購入・設置	8 日	B
E	プログラミング	10 日	C
F	システムテスト	6 日	D, E
G	ユーザー教育	3 日	C
H	運用テスト	5 日	F, G

計算問題

表中の「先行作業」とは、「前の作業が終わらないと、次の作業に入れないよ」という意味です。たとえば、Fの「システムテスト」をするためには、Dの「ハードウェア購入・設置」とEの「プログラミング」の両方が終了している必要があります。

　このようにプロジェクトが大規模になればなるほど、プロジェクトの各作業の順序関係がややこしくなるもの。表だけだとわかりにくいですよね。

　そのようなときにわかりやすく図示するのが、第2章でも解説した「**アローダイアグラム**」です。これで順序関係がすっきりわかりますよね。

　アローダイアグラムでは、以下のルールで作業を表記していきます。

●各作業：矢印（→）
●作業の開始および終了点：マル（○）

アローダイアグラム

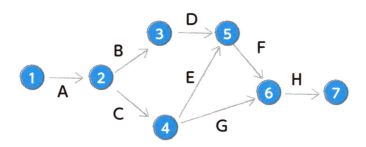

　さて、この開発プロジェクトですが、何日で完成するでしょうか？

　次ページの図をみて、最も時間がかかる経路を見つけることができれば、その日数が「開発までに要する日数」となります。

　この場合、A→C→E→F→Hが最も時間がかかる経路です。どんなにがんばっても、この経路にかかる日数は必要ということになります。このような経路のことを「**クリティカルパス**」と呼びます。

クリティカルパス

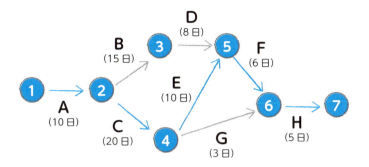

作業を早く始めたい人、ギリギリまでやらない人、いろいろいます
最早開始日／最遅開始日

　先行する作業が終わり、担当する作業が開始できる段階になったら、すぐに作業を開始したい方。

　作業が開始できる段階になっても、ギリギリまで作業をしたくない方。

　プロジェクトに参加するメンバーには、さまざまな性格の方がいます。

　上手にマネジメントするためにおさえたいのが、以下の2点。

● 各作業が最も早く作業を開始できる時点
➡ これを「最早開始日（最早結合点時刻）」と呼びます

● 全体のスケジュールに影響を与えない範囲で最も作業を遅れて開始できる
　時点
➡ これを「最遅開始日（最遅結合点時刻）」と呼びます

　今回のプロジェクトのクリティカルパスと必要な日数は、以下のとおりでした。

● クリティカルパス　➡　A → C → E → F → H
● 必要な日数　➡　10日＋20日＋10日＋6日＋5日＝51日

最早開始日と最遅開始日

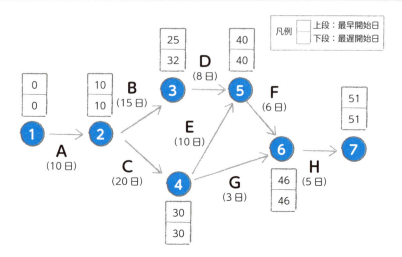

凡例
上段：最早開始日
下段：最遅開始日

クリティカルパス上にある結合点は、じつは「作業が開始可能になったら、すぐ始めないと全体に影響が出てしまう結合点」です。つまり、最早開始日＝最遅開始日となります。

一方、クリティカルパス上にない結合点❸は、最早開始日と最遅開始日に若干の余裕があります。

図のとおり、最早開始日は 25 日なのですが、最遅開始日は 32 日となっています。つまり、作業開始可能になってから、7 日間は休んでいても、全体に影響は出ないのです。

> ### いっしょに作業すると、どれだけ早く仕事が終わるか？
> 共同作業

仕事の進捗については、ほかにも「共同作業」の出題パターンをおさえておきましょう。

共同作業の問題では「全体の作業量」が明記されていないケースがよくあります。その場合、「全体の作業量＝X」と仮定すると、あとはラクに計算できるでしょう。

たとえば、ネットショップ開発のプログラミング作業担当者として、ベテランの A さんと新人の B さんの 2 人がいるとします。A さんが 1 人で作業

すれば 10 日、B さんならば 15 日かかる作業量だとします。

　この場合、2 人で作業を行ったほうが速く完了するのはまちがいなさそうですが、具体的には何日かかるでしょうか？ （2 人が共同で作業をした場合も、作業効率は変わらないものとします）

　このような場合、プログラミング作業全体の量を X とすると、2 人の 1 日の作業量はそれぞれ以下になります。

● A さんの 1 日の作業量　➡　$\dfrac{1}{10}X$

● B さんの 1 日の作業量　➡　$\dfrac{1}{15}X$

　すると、2 人合計の 1 日の作業量は以下のようになります。

$$\dfrac{1}{10}X + \dfrac{1}{15}X = \dfrac{5}{30}X = \dfrac{1}{6}X$$

　つまり、2 人が共同で作業を行った場合、1 日の作業量は全体の 6 分の 1 ということ。よって、作業全体が完了するのは「6 日後」ということになります。

5-03

コンピュータの中でおこなわれる計算を覗いてみよう

基数計算

👉 私たちがふだん使っている 10 進数で表現された値を 2 進数に変換するなど、ある「m 進数」を別の「n 進数」に変換することを「基数変換」といいます。

　一見ややこしそうですが、「重み表」だけ理解すれば、あとは機械的に解けますから、まずはそこに集中してマスターしてください。

「重み表」を使えば2進数にかんたんに変換できる

　私たちは、ふだん 0 〜 9 の 10 種類の数字を使い、9 の次は「10」というように桁上がりしますよね。これを「10 進数」と呼びます。

　一方、コンピュータは「電気が ON か、OFF か」を判断しています。ON 状態を「1」、OFF 状態を「0」とすると、コンピュータは「0 と 1」の 2 種類の数字のみを使って計算していることになりますね。これを「2 進数」と呼びます。

　2 進数では、0 → 1 → 10 → 11 と数字が増えていきます。2 進数の 10 は「イチゼロ」と呼び、10 進数の「2」と同じ意味です。

　どうしてそうなるのでしょうか？　図で、10 進数の桁上がりと 2 進数の桁上がりをくらべてみましょう。

10 進数の桁上がりと 2 進数の桁上がり

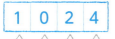

10 進数の「1024」の場合

$$1 \quad 0 \quad 2 \quad 4$$

$10^0 = 1$ の位（重みが 1）
$10^1 = 10$ の位（重みが 10）
$10^2 = 100$ の位（重みが 100）
$10^3 = 1,000$ の位（重みが 1,000）

つまり、10 進数の「1024」は、
$1 \times 1,000 + 0 \times 100 + 2 \times 10 + 4 \times 1 = 1,024$
ということ

2 進数の「1011」の場合

$$1 \quad 0 \quad 1 \quad 1$$

$2^0 = 1$ の位（重みが 1）
$2^1 = 2$ の位（重みが 2）
$2^2 = 4$ の位（重みが 4）
$2^3 = 8$ の位（重みが 8）

つまり、2 進数の「1011」は、
$1 \times 8 + 0 \times 4 + 1 \times 2 + 1 \times 1 = 11$（10 進数）
となる

　図のように、2 進数と 10 進数では、それぞれの桁の重みが異なるのです。この表を「重み表」といいますが、重み表を使えば「2 進数から 10 進数の変換」がかんたんにできてしまいます。

　では、逆に「10 進数から 2 進数への変換」はどうするのでしょうか？

　じつは、これにも重み表を使います。例として、10 進数の「23」を 2 進数に変換してみましょう。

重み表を使った 10 進数から 2 進数への変換

重み	2^5	2^4	2^3	2^2	2^1	2^0
	1	**0**	**1**	**1**	**1**	

① 23 は、2^5（=32）より小さい　⇒　2^5 の桁は空欄
② 23 は、2^4（=16）より大きい　⇒　2^4 の桁に「1」を入れる
③ $23 - 2^4 = 7$ は、2^3（=8）より小さい
　　　　　　　　　　　⇒　2^3 の桁に「0」を入れる
④ 7 は、2^2（=4）より大きい　⇒　2^2 の桁に「1」を入れる
⑤ $7 - 2^2 = 3$ は、2^1（=2）より大きい
　　　　　　　　　　　⇒　2^1 の桁に「1」を入れる
⑥ $3 - 2^1 = 1$ は、2^0（=1）と同じ　⇒　2^0 の桁に「1」を入れる

以上より 10 進数「23」は 2 進数の「10111」となる

5-04

「場合分け」と「クジ引き」の ポイントをサクッとおさえよう

論理演算と確率

 学校で習った集合の図＝ベン図……これを思い出すだけで、確率の問題もかんたんに解くことができます。

チーズたこ焼きは「チーズ AND 小麦粉」

あるとき、たこ焼き屋ネットショップで扱っている商品の原材料を調べ、以下のように分類する必要が出てきました。

- チーズを使っている商品
- 小麦粉を使っている商品
- チーズと小麦粉の両方使っている商品
- それ以外（どちらも使っていない商品）

この作業には「ベン図」というものを使うと便利です。

この分類のうち、「小麦粉を使っている」かつ「チーズを使っている」関係にある分類を、「論理積（AND）」の関係にあるといいます。

ベン図

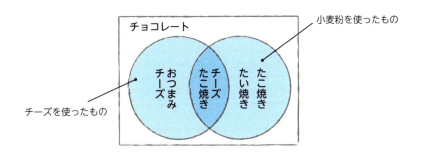

論理積（AND）

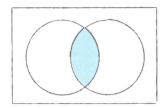

「小麦粉を使っている」または「チーズを使っている」、つまり「少なくともどちらか一方を使っている」関係にある分類を「**論理和（OR）**」といいます。

論理和（OR）

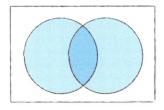

「どちらも使っていない」分類にある商品を「**否定（NOT）**」の関係にあるといいます。

否定（NOT）

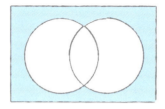

　以上のような、AND、OR、NOT などを使って、ある分類を特定していく方法を「論理演算」といいます。言葉は難しそうですが、ベン図で視覚的にイメージをつかんでみてください。

> **ネットショップで購入した商品に「当たりクジ」が入っている確率は？**

　ネットショップのキャンペーンで、「たこ焼き」と「たい焼き」に当たりクジを入れることになりました。当たりの割合はそれぞれ以下のとおりです。

● たこ焼き　➡　商品 10 袋につき 1 個
● たい焼き　➡　商品 15 個につき 1 個

　ここで、あなたが「たこ焼き 1 袋とたい焼き 1 個」を購入した場合を考えてみましょう。

●たこ焼きとたい焼き、両方当たりが出る確率
　これはよっぽど運がよくないと起こらないでしょう（笑）。
　このケースのように、両方が発生するケースは、それぞれの発生確率をかけることになります。

$$\text{たこ焼きが当たるケース}\left(\frac{1}{10}\right) \times \text{たい焼きが当たるケース}\left(\frac{1}{15}\right) = \frac{1}{150}$$

●たこ焼きとたい焼き、少なくともどちらかが当たる確率

こちらは、グッと現実味が増す気がしますよね。

「少なくともどちらかが当たる確率」は、「すべての事象が起こる確率（＝1）から、どちらも当たらない確率を除く」ことで求めます。

- たこ焼きが当たらない確率＝$\dfrac{9}{10}$

- たい焼きが当たらない確率＝$\dfrac{14}{15}$

つまり、どちらも当たらない確率は、$\dfrac{9}{10} \times \dfrac{14}{15} = \dfrac{21}{25}$

したがって、少なくともどちらかが当たる確率は、

$$1 - \dfrac{21}{25}$$

$$= \dfrac{4}{25}$$

> **バイト5人の中から2人を選ぶとき、何とおりの選び方がある？**

あるたこ焼き屋の店舗では、バイトが5人います。この中から2人選んで、ある日のシフトに入ってもらうこととします。

シフトに入る2人が、朝から晩まで共同で働く場合は、その2人を特に区別する必要はないでしょう。しかし、「午前中1人、午後1人」というようにシフトを組む場合は、「午前中はだれ」「午後はだれ」というように区別する必要がありますよね。

それぞれの場合に、何とおりの選び方があるか、考えてみましょう。

●2人が共同で働く場合（2人を区別しない場合）

この場合、「5人のバイト」の中から2人取り出して、その組み合わせを考えます。ただし、2人は区別しないため、取り出し方が「A君、B君」でも「B君、A君」でも同じ組み合わせとみなします。

これを「組み合わせ」といいます。「n 個の中から r 個取り出す」場合の組み合わせの数は、次の公式で求めます。

「組み合わせ」の公式

$$nCr = \frac{n!}{r!\,(n-r)!} \quad (ただし、n \geqq r)$$

※ 「r!」は r の階乗といい、r から 1 までのすべての整数の積を取ります
　例）4！＝4×3×2×1

したがって、5 人のバイトの中から 2 人を選ぶ組み合わせの数は「10 とおり」です。

● **1 人が午前、もう 1 人が午後に働く場合（2 人を区別する場合）**

5 人の中から、最初に選んだ人を「午前のバイト」、2 番目に選んだ人を「午後のバイト」にするとします。

このように「n 個の中から r 個を取り出し順番に並べる」ことを「順列」といい、以下の公式で求めます。

「順列」の公式

$$nPr = \frac{n!}{(n-r)!}$$

したがって、5 人のバイトの中から 2 人を選んで並べる順列の数は「20 とおり」です。

5-05

情報システムが問題なく動く確率は？

稼働率／MTBF・MTTR／故障率

 ここでは3つの言葉が出てきますが、どれもかんたんです。

「稼働率」とは「理想と現実のギャップ」のこと。

MTBFとMTTRは一見ややこしそうですが、スペルの違いは4文字のうち後半2つだけ。それぞれ以下のように区別できれば、攻略できたも同然です。

- MTBFの「BF」➡ Between Failure ＝故障までの時間
- MTTRの「TR」➡ To Repair ＝修復までの時間

システムは「きちんと動き続ける」ことが必要
稼働率

たこ焼き屋ネットショップは、1日のうち、夜中の3時〜朝7時までの4時間は、メンテナンスのために停止することになっています。つまり、それ以外の20時間は、「ずっと動作する」ことをお客様に約束しているのです。

もし、午前9時〜午前11時まで、トラブルでネットショップのシステムが停止したとします。その場合、「本来20時間動く予定」であったが、「実際には18時間しか動かなかった」ことになりますね。

これを表すのが「稼働率」という指標です。稼働率は、以下の公式で求めます。

稼働率＝実際に動いた時間÷本来動くことを期待されていた時間
＝18時間÷20時間＝0.9

つまり、この日のネットショップシステムの稼働率は「0.9」ということになります。

> **複数システムの稼働率は**
> **「乾電池の直列つなぎと並列つなぎ」を思い出そう**

では、複数のシステムの稼働率はどうすれば求められるのでしょうか。

一見複雑になりそうですが、心配ありません。小学校のときに、「乾電池の直接つなぎと並列つなぎ」の実験を行ったことを思い出してください。

乾電池の直列つなぎ　と並列つなぎ

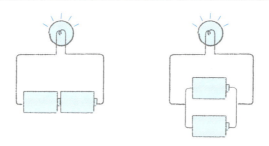

直列つなぎの場合は、2つの乾電池のいずれにも電気が残っていないと豆球は点灯しませんでしたよね。一方、並列つなぎの場合は、少なくとも1つの電池に電気が残っていれば、豆球は点灯しました。

「複数システムの稼働率」の考え方も、これとまったく同じです。

複数システムの稼働率

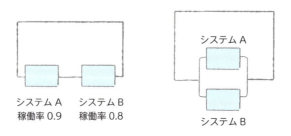

システム A　　システム B
稼働率 0.9　　稼働率 0.8

システム A

システム B

まず、複数システムを直列接続にした場合です。この場合、2つのシステムが「どちらも稼働していること」が必要ですから、単純に2つのシステムの稼働率をかけ合わせます。

$0.9 \times 0.8 = 0.72$　➡　直列接続の場合のシステムの稼働率

続いて、並列接続の場合です。並列接続の場合は、「2つのシステムが両方とも故障した場合のみ、システム全体が停止する」と考えます。つまり、以下の2つをかけ合わせたものが、システム全体が停止する確率となるのです。

● Aのシステムが停止する確率（$1 - 0.9 = 0.1$）
● Bのシステムが停止する確率（$1 - 0.8 = 0.2$）
$= 0.1 \times 0.2 = 0.02$

これを全体である1から引いたものが、システム稼働率となります。

$1 - 0.02 = 0.98$　➡　並列接続の場合のシステムの稼働率

計算問題

「故障する頻度」や「故障した場合に回復するまでの時間」をきちんと把握 MTBF／MTTR

情報システムには、どうしても故障がつきもの。とはいえ、故障したままでは多くの人に迷惑がかかりますから、「できるだけ故障しないこと」「故障してもすぐ直る」ことが重要です。
　故障の「頻度」と「修理にかかる時間」を表す指標が、「MTBF」と「MTTR」です。

● MTBF（Mean Time Between Failure）
「何時間（何日）に1回故障するのか」という頻度を表します。
　数字が大きいほど、故障が少ないという意味です。

● MTTR（Mean Time To Repair）

故障したときに「何時間（何日）で直せるのか」を表します。
数字が小さいほど、早急に修正できるという意味です。

　MTBF は、「動いていた時間」全体を、故障した回数で割って求めます。
　MTTR は、「止まっていた時間」の総合計を、故障した回数で割って求めます。

MTBF と MTTR

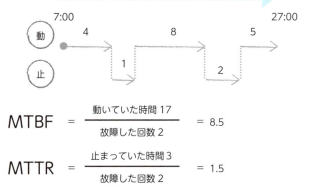

$$\text{MTBF} = \frac{\text{動いていた時間 17}}{\text{故障した回数 2}} = 8.5$$

$$\text{MTTR} = \frac{\text{止まっていた時間 3}}{\text{故障した回数 2}} = 1.5$$

●故障率

最後に「**故障率**」です。
一定の動作時間内に何回故障するのか、その割合のことです。
こちらはズバリ、「MTBF の逆数」と覚えましょう。

　●故障率＝ 1 ÷ MTBF

5-06

実際に試してみるのが一番の早道

表計算の「絶対参照」と「相対参照」

👉 表計算ソフトの「絶対参照」と「相対参照」の違いは第3章でも学習しましたが、頻出なので、具体的な解き方を見てみましょう。

といっても、素直にセル番号や数値を入力するだけ。一度解法を覚えれば、次回以降、ラクに解けるようになるでしょう。

消費税が8%、10%のとき、たこ焼きとたい焼きの税込価格がいくらになるか

以下の表を見てください。消費税率とたこ焼き・たい焼きの税抜価格は、それぞれ以下のように設定しています。

- 消費税率 ➡ セル D2 と E2
- たこ焼きとたい焼きの税抜価格 ➡ セル B4 と B5

このとき、セル D4 に入れるべき計算式を考えてみましょう。

消費税率とたこ焼き・たい焼きの税抜価格

	A	B	C	D	E
1				消費税率 1	消費税率 2
2			税率	0.08	0.1
3	商品名	税抜価格		税込価格 1	税込価格 2
4	たこ焼き	500		540	550
5	たい焼き	100		108	110

計算問題

なお、セル D4 に入れた計算式は、セル D5、E4 および E5 に複写して使うものとします。まず、素直にセル D4 に入れる式を考えましょう。

　たこ焼きの税抜価格はセル B4 に入力されており、消費税率 8％ のときの税率はセル D2 に書かれています。それをふまえると、たこ焼きの消費税 8％ のときの税込価格は以下のように表すことができます。

"B4 ＊ （1.0+D2）"　　（＊はかけ算の記号）

　続いて、この計算式を、1 つ下の行のセル D5 に複写します。すると、すべて相対参照のため、以下のようになります。

"B5 ＊ （1.0+D3）"

　これを見ると、セル B5 は問題ないですが、セル D3 には消費税率が格納されていないため、問題です。

　これを修正するために、セル D4 の計算式は以下となる必要があります。

"B4 ＊ （1.0+D$2）"

　また、セル D4 の計算式 "B4 ＊ （1.0+D$2）" を右隣のセル E4 に複写すると、計算式は以下のようになります。

"C4 ＊ （1.0+E$2）"

　セル B4 がセル C4 となると、たい焼きの税抜価格が参照できなくなります。そのため、セル D4 に入れるべき計算式は以下となることがわかります。

"$B4 ＊ （1.0+D$2）"

　この計算式を E5 に複写しても、問題ありません。絶対参照と相対参照の問題は、素直に計算式を代入してみましょう。

5-07

キロ・ミリ・メガ……
単位がわかればかんたんに解ける

命令実行回数・データ容量・ファイル転送時間

👉 いよいよ計算問題も最後です。コンピュータは非常に大きな数字や、逆に非常に小さな数字をよく利用するので、キロ・ミリを始めとする「単位の接頭語」がつきもの。そこだけおさえれば、あとは一般知識で解ける問題ばかりです。

「単位の換算」が適切にできるかどうかがポイント

これまでも何度か出てきましたが、コンピュータの内部は2進数で動いています。2進数の1ケタでは「1と0」の2つの状態を表すことができますが、これを「1ビット」といいます。

また、8桁の2進数をまとめて「1バイト」と呼び、2の8乗＝256とおりの情報を表すことができます。1バイト＝8ビットとなります。

以上が、コンピュータで扱う情報の単位の基本ですが、コンピュータは莫大な情報を超高速で扱うため、「キロ」「メガ」を始め、単位の接頭語をよく使います。

ビットとバイト（256とおりの情報を表す場合）

$$11111111 \leftarrow 8 ビット（＝1バイト）$$

単位の接頭語の種類

大きいものを表す

キロ (K) 10^3 倍 ⇒ 1,000 倍

メガ (M) 10^6 倍 ⇒ 1,000,000 倍

ギガ (G) 10^9 倍 ⇒ 1,000,000,000 倍

テラ (T) 10^{12} 倍 ⇒ 1,000,000,000,000 倍

小さいものを表す

ミリ (m) 10^{-3}倍 ⇒ $\dfrac{1}{1,000}$

マイクロ (μ) 10^{-6}倍 ⇒ $\dfrac{1}{1,000,000}$

ナノ (n) 10^{-9}倍 ⇒ $\dfrac{1}{1,000,000,000}$

ポイントは、1つ単位が違うと、1,000違うということ

　命令・容量・通信時間などの問題では、これらの単位をいかに適切に変換できるかが勝敗を分けます。きちんとおさえておきましょう。

命令実行回数

以下の問題をいっしょに考えてみましょう。

【問題】

　クロック周波数が 1.6GHz の CPU は、4 クロックで処理される命令を 1 秒間に何回実行できるか。（平成 23 年春　第 60 問）

【解説】

　CPU は、クロック周波数にあわせて動作します。1.6GHz の CPU は、1 秒間に 1.6G 回動作するということです。1.6G 回＝ 16 億回です。

　一方、今回対象となっている命令は、実行するのに 4 クロックかかります。

CPU は、1 秒間に 16 億回（＝ 16 億クロック分）動作し、命令を 1 回実行するのに 4 クロック必要です。ですから、単純に割り算して、以下の回数命令を実行できる、という解答になります。

16 億回 ÷ 4 ＝ 4 億回

> ## データ容量

【問題】

4 台の HDD を使い、障害に備えるために、1 台分の容量をパリティ情報の記録に使用する RAID5 を構成する。1 台の HDD の容量が 500G バイトのとき、実効データ容量はおよそ何バイトか。
(平成 30 年春　第 77 問)

【解答】

RAID5 やパリティについては、P222 で復習しましょう。パリティとは、データに障害が発生した際に復旧させるための情報でした。

また、実行データ容量は、実際にデータを保存できる容量（パリティは除かれます）のことです。つまり、HDD の全体の容量からパリティの容量をマイナスすればいいですね。

HDD 全体の容量は、

500G バイト× 4 台分＝ 2,000G バイト＝ 2T バイト

パリティは 1 台分の容量（500G バイト＝ 0.5T バイト）を利用するため、実効データ容量は以下のように求められます。

2T バイト− 0.5T バイト＝ 1.5T バイト

ファイル転送時間

【問題】

　伝送速度が 20Mbps（ビット / 秒）、伝送効率が 80％である通信回線において、1G バイトのデータを伝送するのに掛かる時間は何秒か。ここで、1G バイト =10³M バイトとする。

(令和 2 年　第 95 問)

【解答】

　伝送効率が 80％とは、速度は 20M ビット / 秒でも、実際には 16M ビット / 秒しか伝送できないということです。

　また、1G バイトのファイルを転送するのですが、ここでバイトとビットの単位を合わせます。1G バイト＝ 8G ビットですね。

　これにより、以下のように答えを導くことができます。

転送ファイルの大きさ÷転送速度
＝ 8G ビット÷ 16M ビット / 秒
＝ 8000M ビット÷ 16M ビット / 秒
＝ 500 秒

　以上、うまく計算できたでしょうか。計算が苦手でも、「考える前に、手を動かして体で覚える」ことができれば、まったく怖くありません。

　本章を 3 回、実際に計算を書き写しながら、理解していきましょう。本番では必ず、時間をかけずに得点源とすることができます。

　いよいよ次章は、直前対策＋試験本番の日の時間攻略術。合格までのラストスパートです！

得点を最大限に
積み増すための
直前＋本番対策

いよいよラスト1週間、この期間の過ごし方で合否が決まります。この章に書かれていることを徹底すれば、大きく得点を積み増し、合格の栄冠を勝ち取ることができるでしょう。

第 6 章

6-01

本番で後悔しない 直前対策のアドバイス

最後の1週間で「過去問を3回以上解く」

　本書を3回くり返し勉強すれば、合格レベルの実力は十分つくでしょう。ただ、最後の1週間に、「本番に慣れること」と「実践力を養う」ことを目的に、過去問を解くようにしましょう。最低、3回分の問題を解くことにより、試験の形式に慣れ、自信もつくでしょうし、十分な実践力も身につくためです。

　ただし、漫然と問題を解くのではなく、試験当日の時間配分にしたがって解答してみてください。

　資格試験は「正しく理解しているか」だけではなく、「試験時間を最大限有効に使えるか」の勝負でもあります。特に、はじめての試験で時間配分を考えていないと、合格する実力がありながら、「特定の問題で時間をロスしてしまい、最後の問題までたどりつけなかった……」といったトラブルも起こります。

　ぜひ、本番の時間配分に従って、過去問にチャレンジしてください。

過去問でまちがえたところ、不十分なところだけを徹底して復習する

　過去問の採点結果については、一喜一憂する必要はありません。本書はもともと「70%を確実に取って、最短合格する」という戦略を採用していますから、本番前の段階で、それ以下の点数であることは、むしろ当たり前なのです。

　それよりも、まちがえたところを、確実に解説を読むなりして復習し、理解してください。

　また、正解した部分でも「自信はなかったけれども、運よく正解できた」という部分は、わかるようにチェックマークを付けておきましょう。

　そして、「自信はなかった部分」も、まちがえた部分と同様、復習します。「自信を持って正解した」部分は、すでにマスターしているわけですから、復習は必要ありません。

　このように、過去問をうまく「自分の理解が足りないところはどこか」をチェックするためのしくみとして活用し、効率的に「理解が不十分なところ」のみを補強していくことが大切です。

「CBT疑似体験ソフトウェア」で操作に必ず慣れておく

　IT パスポート試験はそんなに難しいものではありませんが、事前に慣れておくことは必要です。特に、IT パスポートの CBT（Computer Based Testing：コンピュータによるテスト）では、問題用紙は配布されず、すべてパソコンの画面に表示された問題に従って解答を選択していくので、問題全体を見渡すときなどに操作に迷っていると時間のロスになります。

　そこで、IT パスポート試験の Web サイト（以下の URL）から、実際に試験で利用する CBT の疑似体験ソフトウェアをダウンロードして、事前に試しておきましょう。

https://www3.jitec.ipa.go.jp/JitesCbt/html/guidance/trial_examapp.html

6-02

取りこぼしを 最小限にする 本番対策のポイント

6つの観点から時間を配分する

　さて、いよいよ試験当日の時間配分です。IT パスポート試験は、選択問題が 100 問出題され、制限時間は 120 分。

「だったら、1 問あたり 1.2 分（約 70 秒弱）だなぁ」

などと、安易に考えていないでしょうか？
　残念ですが、それでは最短合格できません。
　まず、私の推奨する時間配分をご覧ください。

①開始後の全体確認	5 分
②ストラテジ（35 問程度）	30 分
③マネジメント（20 問程度）	20 分
④テクノロジ（45 問程度）	35 分
⑤見直し	20 分
⑥予備	10 分

　これが、最短合格に必要な、かつ限られた時間の中で最大の点数を獲得できる時間配分です。
　最初のポイントは、開始直後、いきなり 1 問目から始めるのではなく、

全体の構成を眺めること。

「ストラテジ分野・マネジメント分野・テクノロジ分野にはどのような問題が出題がされているのか？」

といったことを、まずは確認していくのです。

　問題を眺めていると、必ず見たことのある用語が出てきますから、気持ちも落ち着きます。ひと呼吸おいてから、スタートするようにしましょう。

　②〜④は、実際に解答していく部分となります。3分野のうち、あなたの得意なところからスタートしましょう。そうしたほうが、リズムよく、自信を持って進めることができるからです。

　資格試験の出足の好調・不調は、全体の出来に大きく影響します。複数の分野が得意ならば、最初の全体確認で「今回は、こっちのほうがかんたんそうだな」と思った分野から始めてもいいでしょう。

「まず得意なところをどんどん解いていく」

　それが鉄則です。

> ## 注意すべき2つのこと

　解答していくにあたって、2点気をつけていただきたいことがあります。

●解けない問題に時間をかけすぎない

　たとえばストラテジの場合、約35問で30分ですから、1問あたり約1分弱。1問ずつのタイムを細かく計測する必要はありませんが、全体として30分程度で収まるよう、ペースをみながら解答していきましょう。

　難しいと感じる問題たった1問に、何分も時間を使うのは得策ではありません。「あと少しで必ず解ける」と確信を持てる場合は別ですが、そうでなければ、潔く次の問題に移りましょう。

●解いた問題に必ずマーク（印）を付ける

これは見直しするときに非常に役に立ちます。マークの種類は以下の3つ。

- ●○ ➡ 自信を持って解答できた問題
- ●△ ➡ 解答が少し不安な問題
- ●× ➡ まったく自信がない問題

CBTのソフトウェアには各問題に「後で見直すためにチェック」という項目があるので、△マークの問題は必ずそこにチェックしましょう。

○と×は、試験会場で配布される計算用紙に控える形となりますが、逆に時間のロスになる可能性もあります。過去問を解いたときの時間配分を参考にして、あなたの方針を決定してください。

また、ITパスポート試験は、選択肢から解答を選ぶ方式なので、たとえ「×」を付けた問題であっても、必ずいずれかの選択肢を解答しておきましょう。選択しておけば、最低でも25％の確率で正解になります。

見直しは「△マークの問題」を重点的に

ここは大変重要な時間です。ここでおこなう作業が合否を決定すると言っても過言ではありません。ここでは、解答時に付けたマークに従い、次の作業を順次おこなってください。

- ●×マーク ➡ ちゃんと解答を記入しているかどうか、確認だけする
- ●○マーク ➡ ケアレスミスがないかだけを確認する

そして残りの時間をすべて、△マークの問題に費やしてください。△マークは、「一応考えて解答したが、不安の残る問題」。これらを1つでも多く○マークに変える努力をするのです。

×マークや○マークの問題を見直しても、ほとんど点数を上積みできません。しかし、△マークの問題は、点数をアップできる可能性があります。ここに最後の力を集中させることにより、確実に合格が近づいて来るでしょう。

おわりに

「これからの社会は、英語・IT・ビジネスの3つの技術があれば生きていける」

　そのような言葉をよく耳にします。そのとおりですが、それは「食べていくだけなら」という前提がつきます。本当は私たちにとって、もっともっと考えなければならないことは多くあります。

　現在、社会は先行きが不透明です。一見豊かな物質社会ですが、世界は多くの矛盾に満ち溢れています。国内では少子高齢化・職業のミスマッチ、海外では紛争・飢餓……数え上げればきりがありません。

　私たちは、「よりよく生きる」ために、世界中の人がよりよく生きる術を考えなければなりません。なぜなら、それが巡り巡って、私たちにも返ってくるからです（「情けは人のためならず」とは、そういう意味です）。

　本当は、そういう方面にあなたの限られた資源（時間と気力）を集中させてほしいのです。ですが、逆に、先行き不透明な今だからこそ、「食べていくためにエネルギーを使わなければならない」という皮肉な現実もあります。

　ですので、私はこう考えています。

「食べていくために必要なスキルは、最速で身につけろ」と。そして、
「本来、本当にするべきことに、あなたの資源を投資して欲しい」と。

　そのような想いもあり、この本は、ITパスポート試験対策のため"だけ"ではなく、「食べていくための3つの技術」のうち、ITとビジネスについて、その全体像を最短で理解できる本にしたつもりです。ITパスポート試験が「ITを活用するすべての職業人が身につけておくべきスキル」の習得を狙ったものですから、そうした私の意図とITパスポート対策という目的が一致したのです。ですので、この本は

「ITやビジネスをこれから学ぼうとする方々、ひいてはすべての学生・若手ビジネスパーソン」

に読んでもらいたいと思っていますし、そのような方々に必ずや大きな成果をもたらすものだと確信しています。

2013年7月に初版を発行した本書は、おかげさまで好意的に受け入れていただき、今回改訂5版を発行する運びとなりました。

今回、改訂作業の終盤に最新のシラバス5.0が発表され、何度も本文に手を入れる、という作業を行いました。

想定以上に時間は掛かりましたが、最新の内容を押さえつつ、従来からの内容も細かく見直すことができました。

そのため、これまでのわかりやすさはさらに進化し、加えて新しい項目のポイントをおさえた内容となっています。

これもひとえに、ご担当していただいた技術評論社の佐久未佳さんのお力があってのことです。佐久さん、ほんとうにありがとうございました。

思い起こせば、本書の初版の原稿を必死に執筆していた頃に生まれた娘・麻里も、この春には小学3年生になります。

新生児が小学生に育つまでの長い期間に渡り、本書を読み続けてくださった読者の皆様には、感謝しかありません。

これからも、読者の方々が生きていくための基礎スキルの最短マスターに、少しでも貢献できましたら、心から嬉しく思います。

2020年12月　西俊明

さくいん

〈著者プロフィール〉

西 俊明 (にし としあき)

合同会社ライトサポートアンドコミュニケーション 代表社員／CEO。
17 年間にわたり、富士通株式会社で営業・マーケティング業務に従事した後、
経済産業大臣登録中小企業診断士として独立し、2010 年に合同会社ライト
サポートアンドコミュニケーション設立。専門分野は営業・マーケティング・
IT。
Web マーケティングやソーシャルメディア活用を中心に、独立後 10 年で
220 社以上のコンサルティングを実施。250 回以上のセミナー・研修の登壇
実績をもつ。
著書に『Web マーケティングの正解』(技術評論社)、『絶対合格 応用情報
技術者』(マイナビ)、『やさしい基本情報技術者問題集』(ソフトバンククリエ
イティブ)、『問題解決に役立つ生産管理』(誠文堂新光社) などがある。

<保有資格>
• 中小企業診断士
• FP 技能士 2 級
• 基本情報技術者
• 情報セキュリティマネジメント
• 初級システムアドミニストレータ
• IT パスポート
 (第 1 回試験 1,000 満点合格、約 4 万人中 2 名のみ)

【Web】https://light-support.net/
【Twitter】https://twitter.com/light_support24
【Facebook】https://www.facebook.com/toshiaki.nishi

■お問い合わせについて

　本書に関するご質問は、FAXか書面でお願いいたします。電話での直接のお問い合わせにはお答えできません。あらかじめご了承ください。

　下記のWebサイトでも質問用フォームを用意しておりますので、ご利用ください。

　ご質問の際には以下を明記してください。

・書籍名
・該当ページ
・返信先（メールアドレス）

　ご質問の際に記載いただいた個人情報は質問の返答以外の目的には使用いたしません。

　お送りいただいたご質問には、できる限り迅速にお答えするよう努力しておりますが、お時間をいただくこともございます。

　なお、ご質問は本書に記載されている内容に関するもののみとさせていただきます。

■問い合わせ先

〒162-0846
東京都新宿区市谷左内町21-13
株式会社技術評論社　書籍編集部
「改訂5版 ITパスポート最速合格術」係
FAX：03-3513-6183
Web：https://gihyo.jp/book/2021/978-4-297-11856-3

【装丁】
西垂水敦・市川さつき（krran）

【本文デザイン】
有限会社ムーブ

【DTP】
技術評論社制作作業務課

【編集】
佐久未佳

【改訂5版】ITパスポート最速合格術
1000点満点を獲得した勉強法の秘密

2013年8月5日　初　版　第1刷発行
2021年2月6日　第5版　第1刷発行

著　者　　西俊明
発行人　　片岡巌
発行所　　株式会社技術評論社
　　　　　東京都新宿区市谷左内町21-13
　　　　　電話　03-3513-6150　販売促進部
　　　　　　　　03-3513-6166　書籍編集部
印刷・製本　昭和情報プロセス株式会社

▶定価はカバーに表示してあります
▶本書の一部または全部を著作権法の定める範囲を超え、無断で複写、複製、転載、テープ化、ファイルに落とすことを禁じます

ISBN978-4-297-11856-3　C3055
Printed in Japan